BLÜTEN

BLÜTEN

DIE WUNDERBARE WELT DER BLUMEN

ADRIANA PICKER

zusammen mit

Nina Rousseau

GERSTENBERG

INHALT

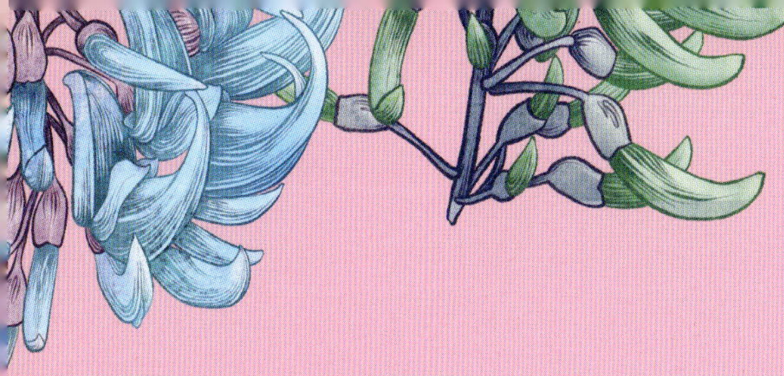

VORWORT

Gemma O'Brien

Kurz nachdem wir beide unser Studium an der Kunsthochschule in Sydney abgeschlossen hatten, zogen Adriana und ich zusammen. An einem Frühlingstag kam sie aufgeregt nach Hause und erklärte mir, sie sei beim »Sammeln« gewesen. »Was meinst du damit?«, fragte ich sie neugierig. Sie rannte die Treppe hinunter und kam mit einem riesigen Strauß mit herrlich duftenden, prächtigen Blumen zurück. Hinter der Fülle an Blättern und Blüten war sie fast zur Hälfte verdeckt. Begeistert zählte sie mir ihre Namen auf: Magnolienblätter, Kräuselmyrten, verschiedene australische Exemplare und viele mehr. Sie beschrieb, wann sie blühten und welche Standorte sie bevorzugten, und streute dabei immer wieder Geschichten aus ihrer Kindheit inmitten der grün und golden strahlenden Landschaft von New South Wales ein. Ich erinnere mich noch gut, wie begeistert und fasziniert ich war, als sie die Sträuße in dekorativen Vasen im Haus verteilte. Die Pflanzen, die sie an den Hängen hinter den Häuserzeilen und in den vernachlässigten Ecken öffentlicher Parks gepflückt oder von freundlichen Nachbarn erhalten hatte, hatte sie offensichtlich mit viel Liebe gesammelt.

Seitdem konnte ich immer wieder miterleben, wie Adriana ihrer Leidenschaft für die Natur in Bänden voller großartiger Illustrationen Ausdruck verlieh. Vom australischen Busch bis nach New York spürt sie überall Blumen auf und bringt sie in ihrem ganz eigenen Stil zu Papier. Mit ihrem botanischen Wissensschatz, dem scharfen Blick einer Künstlerin und ihrer beneidenswerten Technik erweckt sie vertraute Formen zu neuem Leben.

»Blüten«, ihr neuestes Werk, ist mehr als eine umfassende Sammlung reizvoller Pflanzen – sie interpretiert darin die traditionsreiche Kunst der botanischen Illustration auf eine moderne Weise. Adriana lenkt unseren Blick von den Buchseiten auf die Welt um uns herum und macht uns aufmerksam auf die wechselnden Farben und Texturen der Jahreszeiten, die Düfte unserer Lieblingsblumen und die Freude, die die Natur in uns weckt. Zweifellos wird dieses Buch die kommenden Jahre viele Blumenliebhaber, Illustratoren und Sammler begeistern und inspirieren.

Gegenüber:

DUFTROSE MIT GESCHLITZTEN BLÜTEN

Rosa 'Sophie Rochas'

EINLEITUNG

Wenn du eine Blume in die Hand nimmst und sie bewusst betrachtest, wird sie für einen Moment zu deiner Welt. Ich möchte diese Welt auch mit anderen Menschen teilen.
Georgia O'Keeffe

Als ich fünf Jahre alt war, prophezeite meine Großmutter Emma meiner Mutter, ich würde sicher einmal Floristin werden. Jedes Mal, wenn ich sie am Ufer des Tuggerah Lake an der Central Coast in Australien besuchte, verbrachten wir Stunden damit, ihren Garten nach Blüten abzusuchen, die Rosetten fleischiger Begonienblätter zu betrachten und den betörenden Duft alter Rosen in uns aufzusaugen. Meine erste und wichtigste Handlung – gleich, nachdem ich bei ihr angekommen war – bestand darin, einen Strauß Blumen für den Esstisch zu pflücken.

Oma Emma liebte *Cymbidium*-Orchideen, wie viele australische Gartenbesitzer. Darüber hinaus besaß sie eine Vielzahl von Rosen in romantischen Zinnober- und Rosétönen, dazu hübsche Begonien mit schmuckvoll verzierten Blättern. Bei jedem Besuch gab es etwas Neues zu bestaunen.

Leider konnte ich nicht viel Zeit im Garten meiner Großmutter verbringen. Sie starb, als ich sieben Jahre alt war und mein Großvater verkaufte das Haus. Am Tag ihrer Beerdigung, als die ganze Familie am Tuggerah Lake zusammenkam, standen ihre Rosen in voller Blüte und ein letztes Mal stellte ich einen großen Strauß für den Esstisch zusammen.

Nach dem Tod meiner Großmutter setzte ich meine »botanischen Studien« bei meiner Mutter Sally fort, die ebenfalls eine passionierte Gärtnerin ist. Damals lebten wir in der zauberhaften Umgebung der Blue Mountains – Mitte der 1990er-Jahre ein Paradies für »Flower-Power-Hippies«. Hier waren wir eins mit der Natur und tobten uns im Buschland direkt neben unserem Haus aus. Auf unseren Spaziergängen durch den Nationalpark brachte mir meine Mutter bei, Pflanzen zu bestimmen und ich lernte ihre botanischen Namen. Besonders faszinierte mich die Vielfalt an Banksien mit ihren schillernden lateinischen Namen: *Banksia serrata*, *Banksia integrifolia*, *Banksia grandiflora*. Meine Mutter brachte mir auch bei, wie man die Australische Honigblume (*Lambertia formosa*) pflückt und den süßen Nektar aus der Blüte saugt. Die Blumenwelt der Blue Mountains brachte meine Fantasie zum Erblühen und ich begann, sie zu zeichnen.

Als Kind und Jugendliche experimentierte ich mit verschiedenen Materialien und war immer dann am glücklichsten, wenn ich mich künstlerisch betätigen konnte. So entdeckte ich beispielsweise mit zwölf meine Leidenschaft für das Modellieren lebensgroßer Tonbüsten. Schon bald darauf stürzte ich mich – begeistert von den satten Farben und dem berauschenden Geruch – in die Ölmalerei. Meine Mutter ließ mich gewähren, während ich stundenlang zu Hause malte, wobei sie die Flecken auf ihren Teppichen geduldig ignorierte.

Gegenüber:

TIGER-LILIE

Lilium lancifolium

In Lewis Carrolls Kinderbuchklassiker »Alice im Wunderland« aus dem 19. Jahrhundert findet die Titelheldin eine sprechende Tiger-Lilie.

Ich studierte Design und arbeitete danach bei verschiedenen Filmproduktionen als Kostümbildnerin. Zwischen den Dreharbeiten widmete ich mich meiner ersten Liebe: dem Zeichnen. Als ich begann, Pflanzen zu zeichnen, hatte ich schon bald Erfolg als Illustratorin. Mittlerweile erwecke ich meine Blumenbilder digital zum Leben, was es mir ermöglicht, überall auf der Welt zu arbeiten.

Heute bestimmen Blumen mein Leben. Ich verbringe viel Zeit damit, ihre Formen und Farbschattierungen zu betrachten und sie bis ins kleinste Detail abzubilden. Selbst auf meinen Reisen suche ich nach Blumen und nutze jeden Morgenspaziergang, um florale Motive für mein nächstes Werk aufzuspüren. Das kann ein leuchtender Flieder im Brooklyner Frühling sein oder ein spindeldürrer Stängel, der an einem kiesigen Straßenrand den ausladenden Kopf einer Wilden Möhre in die Höhe hält. Bei allen Mühen für jedes botanische Kunstwerk bin ich meiner Inspirationsquelle niemals überdrüssig geworden. Die Natur erfreut und überrascht mich immer wieder und zieht mich stets in ihren Bann.

Wenn Blumen ihre Blütenblätter entfalten – manche nur für wenige Stunden –, ziehen sie nicht nur Bienen, Käfer, Vögel und bisweilen auch Fledermäuse an, sondern auch uns Menschen. Frühe Pflanzenjäger, die auf ihrer Suche nach botanischen Schätzen in entlegene Länder reisten und mit seltenen Exemplaren heimkehrten, ertrugen dafür extreme Wetterbedingungen, Krankheiten und Todesgefahren. Eine der größten Spekulationsblasen der Geschichte, die holländische Tulpenmanie, entstand aus der Besessenheit von Pflanzensammlern. Weltweit werden heute etwa zehn Millionen Schnittblumen pro Tag verkauft.

Dieses Buch ist meine Liebeserklärung an diese vergänglichen Naturjuwelen: eine Hommage an die Blumenwelt. Auf den folgenden Seiten finden Sie eine facettenreiche Pflanzensammlung – von kostbaren Gewächshausperlen bis zu Überlebenskünstlern am Straßenrand. Die Welt der Blütenpflanzen ist so groß, vielfältig und faszinierend, dass es schwer war, sich auf eine Auswahl zu beschränken. Mit diesem Buch möchte ich nicht nur einige der beliebtesten Blütenpflanzen würdigen, sondern auch ein neues Licht auf jene Pflanzenfamilien werfen, die heutzutage als altmodisch gelten und weniger geschätzt werden. Ein Beispiel ist die auf den ersten Blick recht unauffällig wirkende Pelargonie, die seit Langem zu meinen Lieblingspflanzen zählt. Panachierte Blätter, pittoreske Streifen, Wirbel und Farbkontraste lassen mein Herz höherschlagen. Und selbst etwas so Alltägliches wie ein in Plastikfolie eingewickelter Strauß Tulpen aus dem Supermarkt kann einen schmucklosen Küchentisch zum Leuchten bringen. In diesem Buch möchte ich meine Liebe zu Blumen mit Ihnen teilen und sie in ein neues Licht rücken – in der Hoffnung, Sie dazu anzuregen, sich auch mit Pflanzen zu beschäftigen, die Sie bisher nicht auf dem Radar hatten.

Für mich sind Blumen auch heute noch stark mit meiner Großmutter und meiner Mutter verbunden. Sie rufen meine schönsten Erinnerungen wach: an Orte, an denen ich am glücklichsten war und bin, und an Menschen, die ich schätze. Kein Wunder also, dass sie eine beständige und andauernde Leidenschaft in meinem Leben sind. Nach all den Jahren zeichne ich die Blumen, denen ich erstmals in Großmutters Garten begegnet bin, immer noch am liebsten. Bestimmt wäre sie froh, wenn sie sehen würde, was ich heute mache: In gewisser Weise betätige ich mich als eine Art Floristin, gewiss jedoch als Pflanzensammlerin. Ihre Vorhersage hat sich also bewahrheitet. Dieses Buch ist ihr gewidmet.

Gegenüber:

GROSSBLÄTTRIGE BAUERNHORTENSIE

Hydrangea macrophylla 'Harlequin'

ANMERKUNG ZUR NOMENKLATUR

Wissenschaftliche (lateinische) Namen sind ein nützliches Klassifizierungsinstrument, um einzelne Arten und Sorten innerhalb verschiedener Pflanzenfamilien zu identifizieren. Oft sind die Pflanzen eher unter ihrem Trivialnamen bekannt, die sich je nach Land und teils auch je nach Region unterscheiden. Der wissenschaftliche Name fungiert dabei als eine Art »universelle Sprache«. Wie wir noch sehen werden, regen Pflanzennamen oft zum Nachdenken an, bisweilen sind sie auch regelrecht verwirrend. So sind z. B. *Datura metel* 'Golden Queen' und *Datura metel* 'Fastuosa' verschiedene Sorten bzw. Kultivare derselben Art von Nachtschattengewächsen, teilen sich jedoch den gemeinsamen Trivialnamen »Teufelstrompete«. Wenn in einem Pflanzennamen ein »×« steht, wie z. B. bei der Pelargonie *Pelargonium* × *hortorum*, bedeutet dies, dass sie als Hybride zweier Sorten gezüchtet wurde. Bisweilen ist auch nur der wissenschaftliche Name bzw. nur der Trivialname angegeben.

ROSEN

ROSACEAE

Wild und üppig, duftend und berauschend sind Rosen schon seit Jahrtausenden Teil unserer Kulturgeschichte. Sie schmücken Gemälde, Gerichte und Körperkunst, dienen als Geschenke für geliebte Menschen, werden zu Parfüm destilliert und füllen die Gläser in Apothekerschränken.

Die aus China, dem Mittelmeerraum und dem Nahen Osten stammenden Rosengewächse (*Rosaceae*) sind eine Familie mit produktiven Vorfahren, die der Alten wie der Neuen Welt Nahrung und Wohlstand brachten. Beispiele hierfür sind die Kultur-Birne (*Pyrus communis*), die widerspenstige Brombeere (*Rubus fruticosus*) und die Weiße Maulbeere (*Morus alba*), deren Blätter Seidenraupen, die der berühmten Handelsstraße zwischen China und Europa ihren Namen gaben, als Nahrung dienen. Der Wildapfel (*Malus sieversii*) bildet in den Bergen Kasachstans natürliche Obstgärten. Und die Japanische Blütenkirsche (*Prunus serrulata*) sowie der Holzapfel (*Malus sylvestris*), dessen knorriges Holz von Handwerkern geschätzt wird, zählen zu den Zierpflanzen.

IM 15. JAHRHUNDERT VERWENDETE MAN ROSENWASSER ALS TAUSCH- UND ZAHLUNGSMITTEL.

Im Europa des Mittelalters hatten Rosengärten einen ähnlich hohen Stellenwert wie Nutzgärten, da man das aus den Blütenblättern gewonnene Öl als Heilmittel schätzte. In diesen Heilpflanzengärten wuchsen robuste, ertragreiche Rosenpflanzen, darunter Alba-, Damaszener- und Essig-Rose (*Rosa gallica*). Letztere gehört zu den ältesten heute noch erhältlichen Arten. Während ihre Blütenblätter für Hautwaschungen und gegen Prellungen verwendet wurden, bereitete man aus den Früchten der Hundsrose (*Rosa canina*) Vitamin-C-reichen Hagebuttentee. Rosenöl war als Multitalent beliebt, das u. a. die Verdauung fördern, Depressionen und prämenstruelle Symptome lindern und die Libido steigern sollte.

Eine große Rosenliebhaberin war Kaiserin Josephine, die erste Gattin von Napoleon Bonaparte. Als eifrige Rosenzüchterin sammelte und züchtete sie die Blumen im großen Stil auf Schloss Malmaison, ihrem privaten Rückzugsort. Die Pflanzen stammten aus verschiedenen Quellen. Unter anderem gelangten sie auf Napoleons Kriegsschiffen nach Frankreich und auch Sir Joseph Banks schickte ihr Exemplare, als er Direktor der Royal Botanic Gardens in Kew war. Josephine war die erste, die einen Leitfaden zur Rosenzucht verfasste, und ihr berühmter Garten war ein Blumenparadies mit über 200 Rosensorten.

Josephines Hofmaler, der botanische Illustrator Pierre-Joseph Redouté, dokumentierte ihre Sammlung auf brillante Weise. Aber nicht nur das: Redouté und frühere Illustratoren des 15. Jahrhunderts brachten ein neues Genre der botanischen Kunst hervor, indem sie detaillierte und wissenschaftlich exakte Zeichnungen schufen, die Künstlern noch Jahre später als Referenz dienten. Die Rosenbilder europäischer Meister und französischer Impressionisten füllten die Leinwände mit einer reichen floralen Symbolik: Weiße Rosen standen für die Keuschheit der Jungfrau Maria, dunkelrote für das am Kreuz vergossene Blut Jesu Christi.

Über die Jahrhunderte hinweg transportierten Rosen zahlreiche Bedeutungen. So übermittelten beispielsweise die britischen Präraffaeliten ihre Botschaften durch verschiedene Rosenfarben: Rot stand für Liebe, Gelb für Freundschaft und Rosa für eine neue Romanze oder heimliche Affäre. Schon seit Langem sind Rosen außerdem Symbol der Begierde. So ließ Königin Kleopatra den Boden ihres Schlafzimmers mit Rosenblütenblättern bedecken, um den römischen Konsul Mark Anton zu verführen.

Vorherige Seiten:

KLEINSTRAUCHROSE

Rosa Delbard 'Alfred Sisley'

HISTORISCHE ROSE

Rosa 'Camaieux'

ESSIG-ROSE

Rosa gallica

Frühe Rosenkränze wurden hergestellt, indem man blutrote Blütenblätter trocknete, presste und zu »Perlen« formte.

FLORIBUNDA-ROSE

Rosa 'Eyes for You'

Rosen dienen als Aromageber – ob besondere Schokoladenfüllung, süße Rosenblütenmarmelade oder zarter »Türkischer Honig«.

HISTORISCHE EDELROSE'
Rosa 'Dainty Bess'

MODERNE EDELROSE
Rosa 'Julia's Rose'

APFEL-ROSE
Rosa rugosa
BROMBEERE
Rubus fruticosus
HOLZAPFEL
Malus sylvestris

FLORIBUNDA-ROSE

Rosa 'Blueberry Hill'

NOSTALGISCHE EDELROSE
'DUCHESS OF CORNWALL'

Rosa 'Chippendale'

MOSCHUS-
STRAUCHROSE
Rosa moschata 'Ballerina'
MODERNE
STRAUCHROSE
Rosa 'Sally Holmes'

GESTREIFTE
FLORIBUNDA-ROSE

Rosa 'Scentimental'

Englands erbitterter Rosenkrieg im 15. Jahrhundert wurde zwischen zwei königlichen Zweigen des Hauses Plantagenet ausgetragen: Das Haus Lancaster symbolisierte eine rote, das Haus York eine weiße Rose.

JAPANISCHE BLÜTENKIRSCHE

Prunus serrulata 'Kanzan'

LEGUMINOSEN

LEGUMINOSAE

Außer in der Antarktis findet man Leguminosen (Hülsenfrüchtler) überall auf der Welt. Hierbei handelt es sich um eine sehr alte Pflanzenfamilie: Schon vor 140 Millionen Jahren wuchsen Akazien auf dem erdgeschichtlichen Großkontinent Gondwana. Heute bilden Leguminosen eine umfang- und facettenreiche Familie mit über 23 000 Arten – von gewaltigen tropischen Bäumen über Nutzpflanzen und Sträucher bis hin zu üppig herabhängenden, kräftigen Rankpflanzen.

Leguminosen sind »Stickstofffixierer« – eine primitive Anpassung aus einer Zeit, als es in der Atmosphäre noch keinen Sauerstoff gab. Auf ihren Wurzeln wachsen Knöllchenbakterien (Rhizobien), die den Stickstoff aus der Luft umwandeln, sodass ihn die Pflanze zur Nährstoffversorgung nutzen kann. Die stickstoffreichen Samen der *Acacia holosericea* dienen den australischen Ureinwohnern schon seit Jahrhunderten als Nahrungsmittel und lassen sich wie Linsen zubereiten. In Europa hingegen verzehrt man bereits seit dem 6. Jahrtausend v. Chr. Ackerbohnen (*Vicia faba*).

LEGUMINOSEN LASSEN SICH BEREITS IN ETWA 56 MILLIONEN JAHRE ALTEN FOSSILIEN NACHWEISEN.

Ein naher, wenn auch etwas glamouröserer Verwandter der Kidneybohne ist der auffällige Jadewein (*Strongylodon macrobotrys*), der im tropischen Dschungel und in den dunstigen Schluchten der Philippinen emporklettert. Seine Triebe werden bis zu 18 Meter lang und seine schmucken aquamarinfarbenen Blüten sind in großen, markanten Trauben angeordnet. Wenn die Dämmerung hereinbricht, lassen sich Fledermäuse von den auffälligen Blütenblättern anlocken und schlecken kopfüber hängend den Nektar aus den Blüten, wobei sie mit ihren Köpfen den Pollen abstreifen und auf andere Pflanzen übertragen. Häufiger anzutreffen und ebenso prächtig ist der Chinesische Blauregen (*Wisteria sinensis*), eine reizvolle, duftende Pflanze, deren bohnenähnliche Schoten im Winter von den kahlen Zweigen hängen und deren violette Blütentrauben im Sommer ganz zauberhaft Laubengänge schmücken.

Im trockenen Landesinneren Australiens bildet die Australische Wüstenerbse (*Swainsona formosa*) – eine markante Wildpflanze mit scharlachroten Blütenblättern und einer glänzenden schwarzen Mitte – auf der ockerroten Erde leuchtende Blütenteppiche. Für die Aborigines ist sie zu einer Trauerpflanze geworden – »die Blume des Blutes«, die die Invasion ihres Landes symbolisiert.

Auf der Mittelmeerinsel Sizilien hingegen hat die Duftende Platterbse (*Lathyrus odoratus*) den Lauf der Geschichte verändert. Um den Pollen von einer Pflanze auf die andere zu übertragen, experimentierte man mit »Kamelhaarpinseln« oder einem »an einem Stock befestigten Hasenschwanz«. Diese Art der Fremdbestäubung durch Züchter und Gärtner im 18. Jahrhundert ebnete den Weg für eine wissenschaftliche Entdeckung. Denn der Duftenden Platterbse folgte die Erforschung ihrer Cousine, der Gartenerbse (*Pisum sativum*). Der Mönch und Naturforscher Gregor Mendel entdeckte, dass sich ihre Merkmale nach bestimmten Regeln vererben. Dieser große wissenschaftliche Durchbruch ebnete den Weg für weitere Forschungen zur Genetik und zur DNA und verschaffte Arbeiten anderer Wissenschaftler wie denen von Charles Darwin neue Aufmerksamkeit. Mendel bewies damit, dass Erbsen mehr zu bieten haben als nur hübsche Blüten.

Vorherige Seiten:

VIELBLÄTTRIGE LUPINE

Lupinus polyphyllus 'Gallery Blue'

CHINESISCHER BLAUREGEN/ GLYZINIE

Wisteria sinensis

Steht symbolisch für die anhängliche, geduldige und dauerhafte Liebe.

DUFTENDE
SCHNECKENBOHNE
Cochliasanthus caracalla

DUFTENDE PLATTERBSE/
DUFTWICKE

Lathyrus odoratus 'Sir Henry Cecil'

QUEENSLAND-AKAZIE

Acacia podalyriifolia

Von Ameisen wegen ihrer schmackhaften Samen geschätzt.

AUSTRALISCHE
WÜSTENERBSE

Swainsona formosa

JADEWEIN

Strongylodon macrobotrys

KORBLÜTLER

ASTERACEAE

Sonnig, kühn und leuchtend – die *Asteraceae* sind eine robuste Pflanzenfamilie, die mit ihren strahlenförmigen Blütenblättern für Farbe und gute Laune sorgt.

Die Chrysantheme ist die »Matriarchin« der Familie, der u. a. auch die strahlenden Dahlien und Zinnien, wichtige Arzneipflanzen wie Schafgarbe und Sonnenhut (*Echinacea*) sowie Hunderte weitere Verwandte angehören. Mit mehr als 23 000 Arten sind sie eine der größten Pflanzenfamilien der Welt – und es gibt sie schon seit Jahrhunderten.

In China blüht die einheimische Chrysantheme (*Chrysanthemum morifolium*) seit etwa 500 v. Chr. und wurde von Heil- und Kräuterkundigen als Mittel gegen das Altern geschätzt. Aus den Blüten bereitete man einen süßen Heiltee zu, die Blätter aß man als gedünstetes Gemüse und mit den Blütenblättern wurden Schlangensuppen verfeinert. Aber erst im 5. Jahrhundert begannen die Chinesen, die widerstandsfähige Blume wegen ihrer kräftigen, warmen Blütenfarben in Gelb-, Rot-, Violett- und Rosatönen zu schätzen. Sie pflanzten sie in Gärten nahe buddhistischen Schreinen, wo sie dekorative Staudenrabatten bildeten.

CHRYSANTHEMEN LASSEN DAS CHI UND DAS BLUT LEICHTER FLIESSEN UND HELFEN, GIFTSTOFFE AUSZUSCHEIDEN.

Auf den Berggipfeln Mexikos, Guatemalas und Kolumbiens wuchs die wilde Baumdahlie (*Dahlia imperialis*) und erreichte 10 Meter Höhe. Azteken und Maya kochten die süßen Wurzelknollen wie Kartoffeln, aßen die dunkelgrünen Blätter und nutzten die hohlen, bambusähnlichen Stängel, um darin auf Reisen Wasser zu transportieren. Ein weiterer Bergbewohner, *Barnadesia spinosa*, hat dornige Stacheln, die ihn davor schützen, auf den Andengipfeln von Lamas gefressen zu werden.

Nachdem Botaniker, die Ende des 18. Jahrhunderts die spanischen Konquistadoren begleiteten, Dahlienzwiebeln in die Heimat geschickt hatten, begann eine lang anhaltende Begeisterung der Europäer für die hübschen Pflanzen. Sie züchteten einfache, gefüllte, Pompon- und Kaktus-Sorten mit Blütenköpfen so klein wie Münzen oder so groß wie Frisbee-Scheiben. Dahlien und Chrysanthemen – von feuerrot über kanariengelb bis hin zu leuchtend orange – waren während der Pflanzenmanie des 19. Jahrhunderts in Europa sehr beliebt. Zu den schönsten modernen Hybriden zählen die anemonenblütige Dahlie 'The Phantom' mit ihrem kleidsamen Blütenrock sowie die orchideenblütige Dahlie 'Pink Giraffe', die gestreifte, nach innen gewölbte rosa Blütenblätter aufweist.

Die zarte Schafgarbe (*Achillea millefolium*) wiederum, die oftmals wild an Straßenrändern wächst, dient schon seit Jahrhunderten als Heilpflanze. So nutzte man sie z. B. auf den Schlachtfeldern vergangener Tage, um die Blutstillung und Wundheilung zu unterstützen. Darüber hinaus ist sie eine robuste und dekorative Gartenstaude.

Den in den amerikanischen Prärien wild wachsenden Sonnenhut verwendeten die amerikanischen Ureinwohner, um ihr Immunsystem zu stärken und Infektionen zu bekämpfen. Moderne Sonnenhut-Hybriden wie *Echinacea* 'Supreme Flamingo' und *Echinacea* 'Amazing Dream' bezaubern heute mit herrlich leuchtenden Farben.

Die Artischocke (*Cynara scolymus*) punktet indes mit ihrem verborgenen essbaren »Herzen«, das reich an Antioxidantien ist. Die samtigen, weinroten Blüten der Schokoladen-Kosmee (*Cosmos atrosanguineus*) hingegen sind zwar nicht essbar, verströmen jedoch einen angenehm süßlichen Duft, der an die namensgebende Süßigkeit erinnert.

Vorherige Seiten:

DAHLIE 'STAR ELITE',
DAHLIE 'DAHLINOVA CAROLINA BURGUNDY'
UND DAHLIE 'ISLANDER'

ORCHIDEENBLÜTIGE
DAHLIE
'PINK GIRAFFE'

DAHLIE
'PEACH CUPID'

DAHLIE
'CAFE AU LAIT'

In Seattle gibt es viele beeindruckende Dahlien-Schaugärten. Die Dahlie ist die offizielle Symbolpflanze der Stadt.

ANEMONENBLÜTIGE
DAHLIE
'THE PHANTOM'

GARTEN-CHRYSANTHEME

Chrysanthemum morifolium

Neben Kirschblüten sind Chrysanthemen schon lange ein traditionelles Motiv der japanischen Tattoo-Kunst.

In der Blumensprache steht die Chrysantheme für Optimismus und Freude.

GARTEN-CHRYSANTHEME

Chrysanthemum morifolium

SCHMALBLÄTTRIGER
SCHEINSONNENHUT

Echinacea angustifolia

GARTEN-CHRYSANTHEME

Chrysanthemum morifolium

GARTEN-CHRYSANTHEME

Chrysanthemum morifolium

NACHTSCHATTEN-GEWÄCHSE

SOLANACEAE

Nachtschattengewächse erzählen die Geschichte von Gut und Böse besser als jedes Märchen. Innerhalb der Pflanzenfamilie findet man viele wahrhaft »teuflische Charaktere«. Der »bösartigste« ist jedoch der Stechapfel, dessen Einnahme zu psychotischen und deliriösen Zuständen sowie zum Tod führen kann. Die narkotisch wirkenden, giftigen Samen der Pflanze können einerseits einen immensen Schaden anrichten, besitzen andererseits jedoch auch Heilkräfte. In guter Absicht angewendet, können die wirkungsvollen Pflanzen chronische Asthmaanfälle beruhigen, als Narkosemittel und gegen Reisekrankheit eingesetzt werden, Entzündungen reduzieren und Arthritis lindern. Böswillig verwendet, versetzen sie ihre Opfer in einen Zustand starker Verwirrung und verursachen Gedächtnis- und Kontrollverlust, sodass sie sich für Raub-, Diebstahls- und Entführungsdelikte oder für sexuelle Übergriffe missbrauchen lassen.

DIE MAYA UND INKA GLAUBTEN, DER DUFT VON PETUNIEN KÖNNE DÄMONEN AUS DER UNTERWELT VERTREIBEN.

Es gibt neun Arten von Stechäpfeln, die wild in den Flussniederungen und auf den fruchtbaren Böden Mittelamerikas wachsen, darunter der Indische Stechapfel (*Datura metel*) und der Gemeine Stechapfel (*Datura stramonium*). Die intensiv duftenden Pflanzen haben trompetenartige Blüten, die sich in der Dämmerung öffnen und ihren süßen Duft verströmen, um Nachtfalter anzulocken.

Mit ihnen verwandt sind die Engelstrompeten (*Brugmansia*), zu denen auch die Duftende Engelstrompete (*Brugmansia suaveolens*) gehört – eine baumartige Staude mit hängenden, glockenförmigen Blüten. Einst wuchs sie auf den vulkanischen Andenböden von Kolumbien und Peru, heute ist sie in der freien Natur ausgestorben.

Sämtliche Stechäpfel, Engelstrompeten und viele andere Nachtschattengewächse, wie z. B. die Schwarze Tollkirsche (*Atropa belladonna*), enthalten Tropanalkaloide – allen voran Atropin, Hyoscyamin und Scopolamin. Hierbei handelt es sich um natürliche Giftstoffe, die in den Samen und Blättern konzentriert sind und die Pflanzen vor Fressfeinden schützen. Zudem besitzen sie psychoaktive Eigenschaften, die sich die Menschheit schon seit Jahrhunderten zunutze macht. Beispiele sind Hexen und Zauberer, die schwarze Magie praktizieren, Hindus, die den Gott Shiva in religiösen Ritualen verehren, oder südamerikanische Schamanen, die die Wirkstoffe nutzen, um mit den Ahnen der Geisterwelt in Kontakt zu treten oder »unartige« Kinder gefügiger zu machen.

Frauen verwendeten einst den verdünnten Saft der Tollkirsche (*Belladonna*), um ihre Pupillen zu erweitern und so attraktiver für potenzielle Verehrer zu werden. Und im Zweiten Weltkrieg nutzte man das Alkaloid Scopolamin als Wahrheitsserum. Man verabreichte es auch Frauen während der Geburt gegen die Schmerzen oder als Betäubungsmittel.

Der lukrative »böse Onkel« der Pflanzenfamilie ist der Tabak, der bekanntermaßen das süchtig machende Alkaloid Nikotin enthält. Weniger bekannt ist, dass die mit ihm verwandten Petunien ihm ihren Namen verdanken: Er leitet sich aus den südamerikanischen Tupi-Guarani-Sprachen ab, in denen das Wort *petun* übersetzt Tabak bedeutet.

Aber die Nachtschattengewächse sind nicht nur »Teufelswerk«: Andere Familienmitglieder wie Kartoffel, Aubergine, Tomate und Chili liefern uns viele gesunde Nährstoffe und Antioxidantien. Seitdem sie aus der »Neuen Welt« zu uns gelangten, haben sie die Art und Weise, wie wir kochen und essen, für immer verändert.

Vorherige Seiten:

INDISCHER STECHAPFEL/TEUFELSTROMPETE

Datura metel 'Golden Queen' und *Datura metel* 'Fastuosa'

KALIFORNISCHER STECHAPFEL

Datura wrightii

GOLDKELCHWEIN

Solandra maxima

Bestäubende Fledermäuse lieben die imposanten, becherförmigen gelben Blüten, die nachts einen betörenden Duft verströmen.

DUFTENDE
ENGELSTROMPETE
Brugmansia suaveolens

STERNENHIMMEL-PETUNIE

Petunia 'Night Sky'

Ihre weiß gesprenkelten, tiefblauen bis satt violetten Blütenblätter erinnern an einen galaktisch funkelnden, nächtlichen Sternenhimmel.

BLAUER VEILCHENSTRAUCH

Iochroma cyaneum

Die auffälligen Büschel aus röhrenförmigen, purpurnen Blüten sind ein wahrer Augenschmaus.

ORCHIDEEN

ORCHIDACEAE

Orchideen gab es bereits, als noch Dinosaurier die Erde bevölkerten, als Konfuzius der Welt seine Weisheiten vermittelte und als passionierte Pflanzenjäger nach den seltensten unter den Pflanzenschätzen suchten. Sie bilden die größte Familie der Blühpflanzen. Egal, auf welchem Kontinent (außer der Antarktis) – Orchideen wachsen überall. Mit über 26 000 Arten und mehr als 100 000 Sorten sind diese Pflanzen eine Familie von Überlebenskünstlern, die Wüsten, Sümpfe, Nebel- und Bambuswälder besiedeln und sich an ungünstige ökologische Umgebungen anpassen und dort gedeihen können. Sie wachsen am Boden, wo sie dicke unterirdische Wurzelknollen bilden (terrestrische Orchideen), leben und blühen vollständig unterirdisch, gedeihen als Aufsitzerpflanzen auf Bäumen, wo sie Nährstoffe und Wasser mithilfe ihrer Luftwurzeln aus der Luft aufnehmen (epiphytische Orchideen) oder leben von abgestorbener organischer Materie (saprophytische Orchideen). Es gibt übel riechende ebenso wie herrlich duftende Orchideen, atemberaubend schöne Arten und solche, die wie Schleim aussehen.

DIE ORCHIDEE *BULBOPHYLLUM NOCTURNUM* AUS PAPUA-NEUGUINEA BLÜHT NUR EINE NACHT LANG.

Orchideenblüten sind in der Regel zygomorph, also spiegelsymmetrisch, und wirken ebenso perfekt wie ein symmetrisches Gesicht. Die Namensherkunft der Pflanze verweist jedoch auf einen anderen Körperteil: *Orchis* ist das griechische Wort für »Hoden«. Ihren Namen hat die Pflanzenfamilie der Gattung der Knabenkräuter mit ihren zwei hodenförmigen Wurzelknollen zu verdanken.

In China und Japan stehen Orchideen für Eleganz und Anmut. So galt es z. B. im China des 18. Jahrhunderts als besondere Kunst, die Magie der Orchideen abzubilden. In Kunsthandbüchern empfahl man, sie »leicht wie eine Libelle« zu malen und dabei mit schnellen Pinselstrichen »den Schwanz eines aufsteigenden Phönix« nachzuahmen. Später, in der zweiten Hälfte des 19. Jahrhunderts, ergriff das Orchideenfieber den europäischen Kontinent: Man entsandte Pflanzenjäger, um seltene Exemplare aus den Wäldern Mittelamerikas zu bergen oder bislang unbekannte *Cattleya*-Arten in Brasilien aufzuspüren. In den sumpfigen Wäldern Floridas suchte man nach der vom Aussterben bedrohten Geisterorchidee (*Dendrophylax lindenii*). Die gespenstisch wirkende, blattlose Pflanze wird auch Weiße Froschorchidee genannt, da die herabhängenden, langen Seitenfortsätze ihrer Lippe an die Hinterbeine eines Frosches erinnern.

Eine weitere bemerkenswerte Orchidee ist die Echte Vanille (*Vanilla planifolia*), die die spanischen Entdecker im 16. Jahrhundert durch den Aztekenherrscher Montezuma kennenlernten. Sein Lieblingsgetränk war *Xocolatl*, ein bitteres Gebräu aus Wasser, gemahlenem Kakao, Annatto und Vanille, das als Aphrodisiakum galt. Die Schoten der Vanilleorchidee verwendet man auch, um Rum zu aromatisieren oder exotische Parfüms herzustellen.

Doch trotz der Fähigkeit der Orchideen, die Jahrtausende zu überstehen, sind einige Arten inzwischen stark vom Aussterben bedroht. Hiervon betroffen sind beispielsweise einige terrestrische Orchideen, die wild in der Türkei und Ostafrika wachsen, sowie bestimmte *Dendrobium*-Arten, die in der traditionellen fernöstlichen Medizin Verwendung finden. Für seltene Exemplare zahlen skrupellose Sammler heute horrende Summen auf dem Schwarzmarkt und tragen damit zur weiteren Gefährdung dieser Pflanzen bei.

Vorherige Seiten:

FRAUENSCHUH-ORCHIDEEN

Paphiopedilum Saint Swithin (*Philippinense* × *rothschildianum*)
und *Paphiopedilum* Hsinying Rubyweb

FRAUENSCHUH-ORCHIDEE

Paphiopedilum sukhakulii

Paphiopedilum gehört zur Unterfamilie der *Cypripedioideae*. Ihr Name verweist auf die Insel Zypern, die der Liebesgöttin Aphrodite heilig ist.

DENDROBIUM ANOSMUM
'SEMI ALBA'

Orchideen entwickelten sich in der Kreidezeit vor über 100 Millionen Jahren und könnten u. a. von kleinen Dinosaurierarten bestäubt worden sein.

SCHMETTERLINGS-
ORCHIDEE

Phalaenopsis Jiuhbao
Red Rose 'Monet'

SCHMETTERLINGS-
ORCHIDEE

Phalaenopsis 'Diamond Sky'

GALEOPETALUM STARBURST
'PARKSIDE' AM/AOS

Galeottia fimbriata × Zygopetalum Jumpin Jack

CYMBIDIUM PARADISIAN SURPRISE
'SPECKLES'

CATTLEYA PURPURATA
BRASSOLAELIOCATTLEYA DELTA KING × *CATTLEYA* MARI'S SONG

CATTLEYA PURPURATA-
HYBRIDE

CATTLEYA FORT MOTTE
'LEOPARD'

CATTLEYA GUTTATA

CATTLEYA FIRE FANTASY
'HIHIMANU' AM/AOS

LAELIA TENEBROSA
'Dark Chocolate' × 'Rainforest'
FCC/AOS

CATTLEYA
GASKELLIANA

HEIDEKRAUT-GEWÄCHSE

ERICACEAE

In den abgelegenen Regionen des östlichen Himalaja suchten die Pflanzenjäger des 19. Jahrhunderts nach neuen Arten von Rhododendren und Azaleen – den regenliebenden, an kühle Verhältnisse gewöhnten Blühpflanzen aus der Familie der Heidekrautgewächse.

Nachdem sie im 16. Jahrhundert aus ihren Heimatregionen in China, dem Mittelmeerraum und den Appalachen eingeführt worden waren, schmückten Rhododendren und Azaleen zwar schon länger die europäischen Gärten. Eifrige Sammler und Botaniker waren jedoch weiter auf der Suche nach Neuheiten und finanzierten Expeditionen zur »Wiege der Azaleen« – einem Gebiet mit niedrigeren Gebirgsgipfeln in den verschneiten Regionen der Königreiche Yunnan, Sikkim, Tibet und Sichuan.

DIE GÄRTNER DER VIKTORIANISCHEN ÄRA GABEN IMMENSE SUMMEN AUS, UM SAMEN DER NEUEN UND EXOTISCHEN SCHÖNHEITEN ZU ERWERBEN.

Diese Pflanzenjäger gehörten zu den ersten westlichen Reisenden, denen der Zugang dort gewährt wurde. Sie reisten und kampierten monate-, oft sogar jahrelang und hatten mit Isolation und eisigen Wetterbedingungen zu kämpfen, bevor sie schließlich mit Tausenden von neuen Exemplaren nach Europa zurückkehrten. Sogleich erfasste das Rhododendron-Fieber den Kontinent. Die zahlreichen Sammler waren begeistert von den immergrünen Bäumen und Sträuchern mit ihren glänzenden grünen Blättern und üppigen Blüten in leuchtenden Pink-, Rot- und Orangetönen, die dort auch trotz dicker Schneeteppiche gediehen.

Doch diese Rhododendren hätten einen Warnhinweis verdient gehabt. Ihre Fähigkeit, in alpinen und küstennahen Klimazonen ebenso wie im feuchten Dschungel von Borneo zu gedeihen, macht sie zu widerstandsfähigen Überlebenskünstlern, die das Potenzial haben, die meisten einheimischen Pflanzen zu verdrängen.

Und so schlug die Rhododendren-Begeisterung in Wut um, als Zeitungen die Pflanzen als »rücksichtslose Wuchergewächse« betitelten, die die Wildblumen und Wälder von Wales schier unter sich erstickten. Als Hauptübeltäter wurde *Rhododendron ponticum* ausgemacht, der die heimischen Habitate besetzte. Zwar wird er inzwischen vielerorts als invasive Art bekämpft, in einigen Ländern ist die Pflanze jedoch ein großes Umweltproblem.

Aber nicht alle *Ericaceae* entwickeln sich zu einem Ärgernis. Ein anderes Beispiel ist *Rhododendron kesangiae*. In seiner Heimat Bhutan schätzt man den attraktiven Baum, der dort Reinheit und Schönheit symbolisiert, wegen seiner pinkfarbenen Blüten, die zu einem zarten Lila verblassen. In den nordwestlichen Highlands von Schottland wurde sogar ein ganz besonderes Exemplar entdeckt: Ein magischer Rhododendron, *Rhododendron macabeanum* 'Flora Pi Lo', bringt mehrfarbige Blüten (in dunklen Rosatönen, Gelb und Weiß) an ein und derselben Pflanze hervor. Er wächst im Inverewe Garden im Dörfchen Poolewe, wo hohe Niederschläge, ein saurer Boden und die Auswirkungen des Golfstroms ein seltenes Mikroklima erzeugen. Der Chefgärtner des Gartens ist davon überzeugt, dass ein Jahr mit ungewöhnlich vielen Regenbögen der Grund für die einzigartige Blüte der Hybride ist.

Rhododendren und Azaleen sind in den Gärten rund um die Welt zu Hause. Zwar sind sie heute keine Exoten mehr, prachtvoll sind sie aber immer noch. Ihre Blüten künden von abenteuerlichen Entdeckungen, einer bewegten Vergangenheit und glanzvollen Zeiten.

Vorherige Seiten:

RHODODENDRON 'GARDEN RAINBOW'

RHODODENDRON KESANGIAE

Die antioxidantienreiche Blaubeere gehört ebenso zur Familie der Heidekrautgewächse wie die Preiselbeere, die Moosbeere und die Rauschbeere.

GLENN-DALE-AZALEE ‘CINDERELLA’

Rhododendron hybrida Glenn Dale

RHODODENDRON
'FIRELIGHT'

Pastellfarbene Rhododendren duften oft intensiv aromatisch, um Insekten anzulocken, während kräftig gefärbte Arten Bestäuber mit ihren auffälligen Farben anziehen.

RHODODENDRON-HYBRIDE
'BLUE PETER'

RHODODENDRON × BATHYPHYLLUM

Honig aus den Pollen von *Rhododendron-ponticum*-Blüten ist giftig und wird in einigen Teilen Nepals verwendet, um bei spirituellen Zeremonien Halluzinationen hervorzurufen.

RHODODENDRON MACABEANUM 'FLORA PI LO'

WEGERICH-GEWÄCHSE

PLANTAGINACEAE

Ein altes Sprichwort warnt vor dem giftigen Roten Fingerhut (*Digitalis purpurea*), der ebenso reizvoll wie tödlich ist: »Er kann Tote zum Leben erwecken und Lebende töten.« Die Heilpflanze wird seit Jahrhunderten als Herzmedikament verwendet und ist mit Feen und Hexerei, Hebammenkunst und Medizin verbunden.

Der hauptsächlich in Westeuropa beheimatete Fingerhut gedeiht in offenen Wäldern und auf Wiesen sowie an Klippen und Hängen am Meer. Auf seinen hohen, aufrechten Stängeln trägt er kleine, fingerhutförmige Blüten, die wie winzige Glöckchen aussehen. Im europäischen Volksglauben war der Fingerhut eine magische Pflanze, der man nachsagte, den Kontakt mit Elfen herstellen oder bösen Zauber brechen zu können. Im englischen Sprachraum, wo die Pflanze *foxglove* (»Fuchshandschuh«) genannt wird, besagt eine Legende, böse Feen hätten den Füchsen die Blüten als Schuhe gegeben, damit sie leise durch Hühnerställe schleichen konnten, und ihnen beigebracht, die Blüten wie Glocken zu läuten, um sich gegenseitig vor herannahenden Jägern zu warnen. Pflanzte man den Fingerhut im Garten, hieß man die Feen willkommen, brachte man jedoch einen Strauß mit Fingerhutblüten ins Haus, lud man den Teufel ein.

„WALISISCHEN ÜBERLIEFERUNGEN NACH WIEGT SICH DER FINGERHUT NICHT IM WIND, SONDERN VERBEUGT SICH VOR DEN VORBEIZIEHENDEN ELFEN UND FEEN.

In der freien Natur sind die Blüten des Fingerhuts purpurrot mit weiß gesprenkelter Unterlippe, heutige Zierpflanzen können jedoch auch weiß, hellgelb, kirschrot oder – wie der Kleinblütige Fingerhut (*Digitalis parviflora*) – rotbraun sein. Fingerhüte blühen üppig, Hummeln klettern in ihre Blüten, um Pollen zu sammeln, und in Amerika werden die Pflanzen sogar von Kolibris bestäubt.

Einst nutzten Heilerinnen und Kräuterfrauen die Kräfte des in England auch als *witch's glove* (Hexenhandschuh) bekannten Fingerhuts und lange Zeit wurde er mit weiblicher Magie in Verbindung gebracht. Doch erst der englische Arzt und Botaniker William Withering beschrieb 1875 seine Wirksamkeit als Herzmittel. Zur Behandlung von Wassersucht – der Ansammlung überschüssiger Flüssigkeit im Körpergewebe, die oft auf eine Herzinsuffizienz zurückzuführen ist – verwendete er Extrakte aus den Blättern der Pflanze (genauer gesagt: die Herzglykoside Digoxin und Digitoxin). Digitalis ist auch heute noch Wirkstoff vieler bei Herzbeschwerden verordneter Medikamente.

Eine weitere medizinische Anekdote betrifft den niederländischen Künstler Vincent van Gogh. Ihm wurde von seinem Arzt Paul Gachet Digitalis zur (unwirksamen) Behandlung seiner Epilepsieerkrankung verschrieben. Bei hochdosierten Gaben von Digoxin kann es zur Xanthopsie (»Gelbsehen«) kommen – einer Farbsinnstörung, bei der die Umgebung gelblich und Lichtquellen von Lichthöfen umgeben erscheinen. Auch ungleich große Pupillen gehören zu den Nebenwirkungen. Kunsthistoriker untersuchten daraufhin van Goghs Porträts von Dr. Gachet (beide mit Fingerhut im Bild) sowie seine unterschiedlich großen Pupillen auf Selbstporträts und stellten die These auf, seine »gelbe Periode« und die Lichthöfe auf dem Gemälde »Sternennacht« ließen sich hierauf zurückführen.

Auch in Film und Literatur stand Fingerhut schon oft im Mittelpunkt mancher spannenden Geschichte. So diente sein Gift beispielsweise in Agatha Christies Roman »Der Tod wartet« (1938) sowie in der TV-Krimiserie »CSI: Den Tätern auf der Spur« als Mordwaffe.

Vorherige Seiten:

ROTER FINGERHUT

Digitalis purpurea

TÜRKISCHER
FINGERHUT

Digitalis trojana

Der römischen Mythologie nach berührte Flora, die Göttin der Blumen und der Fruchtbarkeit, die Göttermutter Juno mit einem Fingerhut an Bauch und Brüsten. Bald darauf wurde diese schwanger und gebar den Kriegsgott Mars.

GRÜNBLÜTIGER FINGERHUT

Digitalis viridiflora

GARTEN-LÖWENMAUL
'MADAME BUTTERFLY' BRONZE
Antirrhinum majus 'Madame Butterfly'
GARTEN-LÖWENMAUL
'APPLE BLOSSOM'
Antirrhinum majus 'Apple Blossom'

SILBERBAUM-GEWÄCHSE

PROTEACEAE

Zur Gruppe der *Proteaceae* zählen einige der ältesten Blütenpflanzen der Erde. Die Geschichte dieser archaischen Pflanzenfamilie, die sich durch samtige Hochblätter und ledrig-harte Blätter auszeichnet, birgt viele Geheimnisse. Vor etwa 180 Millionen Jahren entstand sie auf dem Großkontinent Gondwana, auf dem ausgedehnte Regenwälder wuchsen und Dinosaurier umherstreiften. Im Jura begann der Kontinent auseinanderzudriften und bildete die Landmassen, die wir heute kennen. Zuckerbüsche (*Protea*) und Silberbäume (*Leucadendron*) gelangten dadurch nach Südafrika, während in Australien vorwiegend Waratahs, Banksien, Hakeas und Grevilleen gediehen. Ihre leichten Samen wurden durch starke Winde über den Atlantik und den Indischen Ozean verteilt und verbreiteten die Arten weiter. Obwohl die Pflanzen heute auf verschiedenen Kontinenten leben, tragen sie das Erbgut derselben Vorfahren in sich.

DIE PFLANZEN WERDEN VON VÖGELN, KÄFERN, BIENEN UND OPOSSUMS BESTÄUBT, DIE SICH ALLE AN IHREM NEKTAR BEDIENEN.

Die vielfältige Familie der Silberbaumgewächse verdankt ihren Namen dem griechischen Meeresgott Proteus, dem Sohn des Poseidon, der der Sage nach die Fähigkeit zur Gestaltverwandlung besaß. Ein prächtiges Beispiel ist die Königs-Protea (*Protea cynaroides*) – eine kraftvolle Schönheit mit großen, kronenförmigen Blütenköpfen, die tiefrot, dunkelrosa oder gelblich weiß leuchten. Ein großer Strauch bringt pro Saison etwa sechs bis zehn Blüten hervor – farbenfrohe Leuchtfeuer im silbrigen, graugrünen Busch der artenreichen Kapflora in Südafrika. Eine weitere Pflanze dort ist der nektarreiche Echte Zuckerbusch (*Protea repens*), der im 19. Jahrhundert als Hustenmittel verwendet wurde. Hierzu kochte man den Nektar aus den Blütenköpfen zu *Bossiestroop* (»Busch-Sirup«) ein.

Jenseits des Indischen Ozeans wächst auf den Sandsteinböden um Sydney ein weiteres nektarreiches Silberbaumgewächs: die Australische Honigblume oder Bergteufel (*Lambertia formosa*). Besonders Kinder lieben es seit jeher, die rote Blüte auseinanderzuziehen und die süße Flüssigkeit aus den kleinen Blütenröhren zu saugen. Der klare, honigartige Nektar diente schon australischen Ureinwohnern und entflohenen Sträflingen während der Kolonialisierung als Nahrungsquelle. Ebenfalls in Australien ist die nahrhafte Macadamia-Nuss (*Macadamia integrifolia*) beheimatet, auch wenn einige der größten Anbaugebiete heute in Hawaii und Südafrika liegen.

Die Waratah (*Telopea speciosissima*) mit ihren leuchtend roten, symmetrischen Blütenköpfen ist die Staatsblume des australischen Bundesstaats New South Wales und hat bei den Ureinwohnern der Region eine wichtige rituelle Bedeutung. Einer Traumzeitlegende nach verliebte sich einst ein junges Mädchen, das einen roten Umhang aus Wallabyfell und Kakadufedern trug, in einen Krieger. Als dieser nicht aus der Schlacht zurückkehrte, starb sie an gebrochenem Herzen und an dieser Stelle wuchs die erste Waratah.

Die Lebensräume der Pflanzen werden im Sommer oft durch Buschfeuer zerstört. Doch die Waratah hat sich darauf eingestellt. In ihrem Lignotuber – einer verholzten Verdickung an ihrer Basis – speichert sie Energie und Nährstoffe, sodass sie sich schnell regenerieren kann. Ihre Wurzeln ermöglichen es den *Proteaceae*, Nährstoffe aus mageren Sandböden zu gewinnen, sodass sie selbst schwierigen Standortbedingungen und Trockenheit trotzen können. Die robusten, widerstandsfähigen Pflanzen sind nicht nur auffallend schön, sie sind auch ein eindrucksvolles Symbol für den Charme der rauen Gegenden, die sie bewohnen.

Vorherige Seiten:

WARATAH

Telopea speciosissima 'Pink Passion'

WARATAH

Telopea speciosissima

Die australische Künstlerin Margaret Preston war berühmt für ihre herrlichen handkolorierten Holzschnitte, die Waratahs darstellten.

HOOKER'S BANKSIE

Banksia hookeriana

Ihre kegelförmigen Blütenstände bilden die Pflanzen nach der Blüte zu verholzenden Samenständen aus. Diese sind mit feinen Härchen und Samenkapseln bedeckt, die wie eine Vielzahl von Augen wirken.

SÄGEBLÄTTRIGE BANKSIE

Banksia serrata

SCHMALBLÄTTRIGER
ZUCKERBUSCH

Protea neriifolia

KÖNIGS-PROTEA

Protea cynaroides

Die größten Blüten der Pflanzenfamilie werden bis zu 30 Zentimeter breit. Sie sind die Nationalblume Südafrikas und verhalfen der Cricket-Nationalmannschaft des Landes zu ihrem Spitznamen »Proteas«.

LILIEN-
GEWÄCHSE

LILIACEAE

Die wohl beliebteste Vertreterin unter den Liliengewächsen ist die Tulpe. Die aparte, wenn auch recht unscheinbare Blume löste im Europa des 17. Jahrhunderts eine ekstatische Begeisterung aus, die zum Börsencrash des Jahrhunderts führte.

Ursprünglich aus dem Pamir- und dem Tian-Shan-Gebirge in Zentralasien stammend, wurde sie lange von passionierten Züchtern im Osmanischen Reich angepflanzt. Im 16. Jahrhundert, als sich kunstvoll illustrierte Pflanzenbeschreibungen zu Statussymbolen der Wohlhabenden entwickelten, ließen die »türkischen Tulpen« die Herzen der Pflanzenliebhaber höherschlagen. Nach und nach erreichten mehr dieser seltenen und exotischen Pflanzen Europa und lösten einen wahren Rausch aus. Besonders in den Niederlanden boomte der Markt rund um den Kauf und Verkauf von Tulpenzwiebeln. Kaufleute, Handwerker und Adlige verkauften ihre Besitztümer und machten Häuser und Landbesitz zu Geld, um bei Spekulationsgeschäften rund um die stetig teurer werdenden Pflanzen mitzumischen. Manche Blumenzwiebeln wechselten an einem einzigen Tag mehrmals den Besitzer, wobei viele unbesehen und noch in der Erde gekauft wurden, was die Preise in astronomische Höhen trieb.

DIE TULPENMANIE ERFASSTE DIE GESAMTEN NIEDERLANDE – VOM LANDVOLK BIS ZUM ADEL.

Der »heilige Gral« unter den Tulpen war die Sorte 'Semper augustus' mit ihren karminrot-weiß gestreiften Blütenblättern. Ihre außergewöhnliche Farbe machte sie zur wertvollsten aller Blumenzwiebeln. (Die Tatsache, dass sie ihre auffälligen Streifen einem Virus zu verdanken hatte, ist eine nachträgliche Ironie.) Das durchschnittliche Jahreseinkommen in den Niederlanden lag 1627 bei 150 bis 300 Gulden, doch eine einzelne 'Semper-augustus'-Zwiebel brachte damals etwa 1000 Gulden ein. Ein Jahrzehnt später, kurz vor dem Zusammenbruch des Tulpenmarkts, war eine einzelne Zwiebel dieser Sorte bereits 10 000 Gulden wert. Die Tulpenmanie gilt als die erste dokumentierte Spekulationsblase der Welt, und noch heute ist der Handel mit Tulpen eine milliardenschwere Industrie, in der vor allem die Niederländer führend sind.

Doch die Geschichte der *Liliaceae* reicht noch viel weiter zurück. So umfasst die Pflanzenfamilie, die sich vor mehr als 52 Millionen Jahren entwickelte, z. B. auch die üppigen Asiatischen Lilien aus Japan und Taiwan, die Humboldt-Lilie (*Lilium humboldtii*), die in den nordamerikanischen Rocky Mountains blüht, und die Königs-Lilie (*Lilium regale*) aus den Tälern von Sichuan und Tibet. Lilien (zusammen mit Krokussen und Narzissen) schmückten schon im antiken Griechenland duftende Girlanden zu Ehren der Göttin Aphrodite sowie die Grabkammern der ägyptischen Pharaonen. Ihre Blätter wurden außerdem in der Medizin verwendet, um Schlangenbisse, Verbrennungen und Geschwüre zu behandeln.

Hochgeschätzt war auch die Madonnen-Lilie (*Lilium candidum*). Den Minoern war sie ebenso heilig wie den Römern, die sie auf Wandfresken verewigten. Schon vor 3500 Jahren von den Griechen kultiviert, symbolisierte sie in späterer Zeit die Reinheit der Jungfrau Maria. In diesem Zusammenhang tauchte sie auch auf vielen bedeutenden Kunstwerken auf, darunter in Sandro Botticellis Gemälde »Verkündigung« (ca. 1489/90). Eine schöne Geschichte erzählt die römische Mythologie: Als Juno – Gattin des Göttervaters Jupiter – ihren Sohn Herkules stillte, bildeten einige Tropfen der aus ihrer Brust herabfließenden Milch die Milchstraße und andere fielen auf die Erde, wo sie zu duftenden Lilien wurden.

Vorherige Seiten:
TULPE 'SEMPER AUGUSTUS'

GARTEN-TULPE

Tulipa gesneriana

WILDTULPE

Tulipa borszczowii 'Regel'

KAISERKRONE

Fritillaria imperialis

Die in Kurdistan beheimatete Pflanze trägt den Beinamen »Tränen Marias«, da ihre großen Nektartropfen die Kreuzigung Christi zu beweinen scheinen.

PERSISCHE
KAISERKRONE

Fritillaria persica

SCHACHBRETTBLUME

Fritillaria meleagris

Ihr Name rührt von den mit roten und blassrosa Quadraten gemusterten Blütenblättern her, die an ein Schachbrett erinnern.

FORMOSA-TROMPETEN-LILIE

Lilium formosanum

Eine stilisierte Lilienblüte (*Fleur-de-Lis*) zierte einst das Wappen der französischen Könige und ist heute die Symbolblume von New Orleans.

KELLOGG'S LILIE

Lilium kelloggii

HUNDSZAHN-LILIE

Erythronium dens-canis

WALDLILIE

Trillium decipiens

SEEROSEN

NYMPHAEACEAE

Die *Nymphaeaceae* sind eine Familie von zauberhaften Süßwasserpflanzen, die meist in tropischen Gewässern gedeihen – von den Flussarmen des Amazonas bis zu den heißen Quellen Ruandas und den fruchtbaren Lagunen Paraguays. Ihre Blüten können so klein wie Knöpfe oder so groß wie Bowlingkugeln sein. Die Grandes Dames der Familie sind die Amazonas-Riesenseerose (*Victoria amazonica*) und die Santa-Cruz-Riesenseerose (*Victoria cruziana*) – majestätische Gewächse, deren wissenschaftlicher Name Königin Victoria ehrt. Die Ureinwohner Südamerikas verwendeten die Pflanze einst als Tee gegen Asthma und andere Bronchialleiden.

Die Stängel der Riesenseerose entspringen Rhizomen, die im schlammigen Flussbett wurzeln, und tragen steife Schwimmblätter. Diese sind an der Unterseite mit Stacheln bewehrt, um Fische abzuhalten. Ihre spektakulären Einzelblüten blühen nur zwei Tage im Jahr und immer nur nachts. Die weiße, weibliche Blüte steigt dabei langsam an die Wasseroberfläche und verströmt einen süßen ananasartigen Duft. Davon angelockte Käfer kriechen auf der Suche nach Nektar in die offene Blüte, woraufhin sich die Blütenblätter sanft um die Insekten schließen. In der zweiten Nacht öffnet sich die Blüte wieder – diesmal als bestäubtes Männchen mit rosa Blütenblättern. Der befreite Käfer fliegt, mit Pollen beladen, zur nächsten weißen Blüte und die bereits befruchtete Blüte schließt sich und sinkt unter die Wasseroberfläche.

SEEROSENBLÄTTER KÖNNEN KLEINER SEIN ALS MÜNZEN ODER SO GROSS, DASS MAN DARAUF SITZEN KANN.

Die exotischen Schönheiten durften im Europa des 19. Jahrhunderts in keinem Gewächshaus fehlen. Der französische Impressionist Claude Monet war so begeistert von Seerosen, dass er einige seltene Exemplare aus Ägypten und dem Amazonas für seinen Wassergarten in Giverny importierte. Da Nachbarn fürchteten, die Pflanzen könnten das Wasser vergiften, forderten ihn die Behörden auf, sie auszureißen. Doch Monet weigerte sich. Inspiriert von den markanten Schwimmblättern, den Blüten und den flüchtigen Lichtreflexen auf dem Wasser, schuf er ein Seerosengemälde nach dem anderen. Als Monets Frau und sein Sohn starben, verfiel der Künstler in eine Schaffenskrise. In tiefer Trauer und verzweifelt über seine schwindende Sehkraft, suchte er Trost in seinem Garten. In den letzten beiden Jahrzehnten seines Lebens vollendete er seine »Seerosen«-Serie, bestehend aus 250 Ölgemälden. Jedes der Werke ist heute mehr als 50 Millionen Dollar wert.

Eine Seerose aus den Royal Botanic Gardens in Kew (Großbritannien) hingegen erlangte Bekanntheit, als sie 2014 Opfer eines dreisten Raubes wurde: Ein Exemplar der ruandischen Zwergseerose *Nymphaea thermarum* – die kleinste und seltenste Seerose der Welt – wurde von einem Pflanzendieb aus dem Teich im Princess of Wales Conservatory entwendet. Viele Medien berichteten über die zierliche Pflanze, die ausschließlich an schlammigen Ufern heißer Thermalquellen in Ruanda wächst und in der freien Natur als ausgestorben galt (erst 2023 wurde sie in freier Natur wiederentdeckt). Scotland Yard vermutete, die Pflanze sollte auf dem Schwarzmarkt verkauft werden, wo skrupellose Sammler hohe Summen für seltene und gefährdete Exemplare zahlen. Offenbar treibt die Schönheit der Seerosen manche Menschen zum Äußersten.

Vorherige Seiten:

AMAZONAS-RIESENSEEROSE

Victoria amazonica

Im Englischen werden die Seerosen bisweilen auch *alligator lilies* genannt, da ihre riesigen Blätter ein perfektes Versteck für Reptilien bieten.

SEEROSEN-HYBRIDE

Nymphaea 'Madame Wilfron Gonnere'

Gegenüber:
SEEROSEN-HYBRIDE
Nymphaea 'Lemon Meringue'

SANTA-CRUZ-
RIESENSEEROSE
Victoria cruziana

Die alten Ägypter nutzten Seerosen für religiöse Rituale, als Grabschmuck und für Trauergirlanden. Mit Lotusblumen verzierte Objekte zählten z. B. zu den Grabbeigaben für Pharao Tutanchamun.

TROPISCHE SEEROSE

Nymphaea 'Tropical Punch'

TROPISCHE SEEROSE

Nymphaea 'Plum Crazy'

SCHWERT-LILIEN

IRIDACEAE

Die Pflanzenfamilie der *Iridaceae*, die ihren deutschen Namen »Schwertliliengewächse« ihren schwertförmigen Blättern verdankt, begeistert mit vielfältigen Blütenfarben schon seit Jahrtausenden Künstler, Wissenschaftler und Gärtner. So bilden die glamourösen Gladiolen hohe, prachtvolle Blütenstängel, während Freesien, wenn sie aus der Erde sprießen, mit ihrem süßen Duft den Frühling ankündigen.

Die symmetrischen Blütenköpfe von Schwertlilien besitzen drei innere, nach oben gerichtete Kronblätter (Domblätter) und drei äußere, herabhängende Kelch- oder Hängeblätter (einige Arten mit behaarten Bärten). Die Hängeblätter sind ein idealer Landeplatz für Bestäuber, die an den Adern der Blütenblätter entlang zum Nektar gelangen. Die Farbpalette der Blüten reicht von Gelb und Orange über Rosa und Rot bis hin zu Violett und Tiefblau, wobei ein Blütenkopf mehrere Farben aufweisen kann. Bezüglich ihres Standorts sind Schwertlilien recht anspruchslos: Sie gedeihen weltweit – in heißen, rauen Halbwüsten ebenso wie auf Wiesen, in Sümpfen und in den Bergen. *Iris sofarana* etwa, eine große Schwertlilie mit dunkelvioletten, fast schwarzen Blütenblättern, wächst ausschließlich auf den hoch gelegenen felsigen Hängen des Libanon. Sie ist extrem selten und in ihrem Bestand bedroht.

IRIS WAR DIE GRIECHISCHE GÖTTIN DES REGENBOGENS UND GÖTTERBOTIN.

Die bei Weitem bekannteste Vertreterin der *Iridaceae* ist der Safrankrokus (*Crocus sativus*) – nicht zu verwechseln mit den giftigen Herbstzeitlosen (*Colchicum autumnale*). Der Safrankrokus wird wegen seiner langen, orangeroten Narben geschätzt. Die kostbare Pflanze ist eine Zuchtform des *Crocus cartwrightianus*, der während der minoischen Bronzezeit wild auf den Kalksteinböden Griechenlands wuchs. Ein Wandfresko aus dieser Zeit, das auf der Insel Santorin entdeckt wurde, zeigt zwei junge Frauen, die Krokusse pflücken.

Schon im Mittelalter war Safran ein Luxusgut und wurde als Heilmittel, zum Färben königlicher Gewänder sowie zum Aromatisieren und Färben von Speisen verwendet. Wohlhabende Ägypter, Griechen und Römer nutzten Safranfäden für Bäder. So badete Königin Kleopatra angeblich in Safranwasser, bevor sie einen Liebhaber empfing, und Alexander der Große soll seine Wunden mit Safranbädern behandelt haben.

Überfälle waren im Mittelalter keine Seltenheit und der Raub einer großen Safranlieferung auf dem Weg nach Basel führte 1374 zum Safrankrieg, einem monatelangen Kampf um die Wiedererlangung der kostbaren Beute (Wert nach heutigen Maßstäben: etwa eine halbe Million Euro). Auch in der Medizin blieb Safran weiterhin wertvoll. So verschrieben Ärzte im 17. Jahrhundert ein »Skrupel« (winzige Prise) Safran, um den Blutfluss anzuregen, Harnwegsinfektionen zu behandeln und den Magen zu beruhigen.

Der Safrankrokus blüht einmal im Jahr. Jede Blüte bringt nur drei Narben hervor, die mühsam von Hand gepflückt werden. Nach der Ernte werden die Safranfäden getrocknet und im Ganzen oder zu Pulver gemahlen verkauft. Je nach Größe der Narben benötigt man etwa 80 000 Blüten, um 1 Kilogramm Safran zu erhalten. Gemessen am Gewicht, ist Safran das teuerste Gewürz der Welt und wird oft auch als »rotes Gold« bezeichnet. Kulinarisch wird Safran u. a. verwendet, um Gerichten wie dem indischen Biryani und dem italienischen Risotto ihre gelbe Farbe und spanischer Paella sowie französischer Bouillabaisse eine feine Schärfe zu verleihen. Die Einwohner Kaschmirs trinken mit Safran aromatisierte Milch, um zu Ende des Ramadan das Fasten zu brechen.

Vorherige Seiten:

ZWEIBLÜTIGER KROKUS

Crocus biflorus

DEUTSCHE
SCHWERTLILIE
Iris germanica

IRIS DAMASCENA

In der griechischen Mythologie war Iris eine Botin der Götter des Olymp. Sie kredenzte ihnen Nektar und übermittelte ihre Botschaften vom Himmel in die dunklen Tiefen der Unterwelt.

IRIS ACUTILOBA

Der niederländische Künstler Vincent van Gogh schuf sein berühmtes Gemälde »Schwertlilien« ein Jahr vor seinem Tod, während seines Aufenthalts in einer Nervenheilanstalt.

DEUTSCHE SCHWERTLILIE

Iris germanica

DEUTSCHE
SCHWERTLILIE

Iris germanica

PFINGST-ROSEN

PAEONIACEAE

Pfingstrosen sind üppig, sinnlich und elegant. Ihre schweren Blüten sind gekräuselt oder gerüscht, ihr Duft betört mit Moschus- oder Zitrusnoten. In China und Japan hat im Frühling die »Pfingstrosenbetrachtung« Tradition: der kontemplative Blick tief ins Innere der filigranen Blüten, die leuchtend rot, himbeerfarben, pastellrosa oder cremeweiß erstrahlen.

Pfingstrosen können krautig-kompakt oder hochgewachsen sein, wie die kostbare Strauchpfingstrose aus den Bergen Zentralasiens, die von den Chinesen als »König der Blumen« verehrt wird und Reichtum, Ehre und Glück symbolisiert. Und dann gibt es da noch die Itoh-Pfingstrose, benannt nach einem japanischen Züchter, der Stauden- und Strauchpfingstrose kreuzte und so ihre Eigenschaften kombinierte: Er kreierte eine Pflanze mit einem kräftigen Stängel, einer langen Blütezeit und einer hervorragenden Haltbarkeit als Schnittblume. Toichi Itoh starb, bevor seine Züchtung blühte – nicht ahnend, welch großes Vermächtnis er der Welt hinterlassen hatte.

UTAGAWA KUNIYOSHI, EIN MEISTER DES UKIYO-E-HOLZSCHNITTS, STELLTE REBELLISCHE KRIEGER MIT PFINGSTROSEN-TÄTOWIERUNGEN DAR.

In China wird die Pfingstrose seit fast 2000 Jahren kultiviert. Ihr Kernland liegt in der Region um die alte Hauptstadt Luoyang, wo die Flüsse Luo und Huang He zusammenfließen. Eine Legende berichtet von Wu Zetian, Chinas einzigem weiblichen Herrscher, die befahl, dass die Blumen in ihrem königlichen Garten von Chang'an im tiefsten Winter blühen sollten. Ängstlich gehorchten ihr die Pflanzen – alle außer der Pfingstrose. Wütend verbannte sie die renitente Blume aus ihrer Hauptstadt nach Luoyang und dort blühte sie größer und prächtiger als jemals zuvor. Die Kaiserin verlegte daraufhin ihren Hof nach Luoyang, wo man herrliche Gärten voller Pfingstrosen anlegte. Würde die Kaiserin heute nach Luoyang kommen, wäre sie sicher zufrieden. Denn jährlich im Frühjahr zieht das Pfingstrosen-Mekka Millionen von Menschen an, die die wochenlang anhaltende Blütenpracht bewundern.

Auch in der antiken griechischen Mythologie gibt es verschiedene Geschichten über die prächtige Pflanze. So sollen sich Nymphen in Pfingstrosen verwandelt haben, um ihre Nacktheit zu verbergen, und Aphrodite, die Göttin der Schönheit, soll die Nymphe Paeonia aus Eifersucht in eine rote Pfingstrose verwandelt haben, als sich der Gott Apollon in diese verliebte. Eine andere Legende erzählt vom Arzt Paeon, der die Wirkung der Pfingstrosenwurzel nutzte, um die Wunden der Götter zu heilen. Sein Lehrer, der Gott der Heilkunst Asklepios, war so neidisch auf dessen Erfolg, dass er ihn töten wollte. Göttervater Zeus kam Paeon zur Hilfe und verwandelte ihn in eine Pfingstrose.

Kräuterkundige Männer und Frauen verwendeten Pfingstrosenwurzeln und -samen für Liebestränke, aber auch, um Karbunkel und Furunkel zu heilen. Auch die Künstler des Mittelalters widmeten sich der Pfingstrose und stellten mit Vorliebe ihre Samenstände dar, da sie als der wertvollste Teil der Pflanze galten. Später wurden die Blüten zu einem beliebten Motiv. So malte u. a. der französische Impressionist Pierre-Auguste Renoir Pfingstrosenblüten und auch viele Tätowierer haben die raffinierten Blüten auf der Haut ihrer Kunden verewigt. Doch man sollte sich nicht täuschen lassen: So zart die Blütenblätter auch wirken, wohnt der Pflanzenfamilie eine stille Stärke und Widerstandskraft inne.

Vorherige Seiten:

STRAUCHPFINGSTROSE

Paeonia rockii

STAUDENPFINGSTROSE
Paeonia lactiflora
'Claire de Lune'

ITOH-
PFINGSTROSE

Paeonia itoh
'Lemon Dream'

Die Pfingstrosenwurzel hat schmerzlindernde Eigenschaften und wurde von frühen Ärzten verschrieben, um Albträume abzuwehren.

STAUDENPFINGSTROSE

Paeonia lactiflora
'Bowl of Beauty'

Der chinesische Staatschef Mao Zedong verbot den Anbau von Pfingstrosen als Zierpflanze und behielt ihn medizinischen Zwecken vor.

STRAUCHPFINGSTROSE

Paeonia suffruticosa
'Shima Nishiki'

STRAUCHPFINGSTROSE

Paeonia suffruticosa
'Kamata Tapestries'

STAUDENPFINGSTROSE

Paeonia lactiflora 'Walter Mains'

Rehe und Kaninchen meiden Pfingstrosen, doch Schmetterlinge lieben sie.

STAUDENPFINGSTROSE

Paeonia lactiflora 'Blaze'

Die französische Kaiserin Josephine Bonaparte züchtete in ihrem Garten von Schloss Malmaison Pfingstrosen, darunter eine Strauchpfingstrose, die ihr Joseph Banks geschickt hatte.

STRAUCHPFINGSTROSE

Paeonia suffruticosa

STAUDENPFINGSTROSE

Paeonia lactiflora
'Rare Flower of Frosty Dew'

PELARGONIEN

GERANIACEAE

Ob aufrechte Zierstaude, niedrig wachsender Bodendecker oder überhängende Balkon- oder Kübelpflanze – die *Geraniaceae*, eine Familie üppig blühender Pflanzen, erfreuen Gärtner schon seit Jahrhunderten. Fast ebenso lang sorgt ihre Benennung für Verwirrung. So warfen frühe Botaniker einfach alle in einen Topf, obwohl sie nicht zur selben Gattung gehören. So bilden die Storchschnäbel (*Geranium*) innerhalb der Familie ebenso eine eigene Gattung wie Pelargonien (*Pelargonium*) oder Reiherschnäbel (*Erodium*). Umgangssprachlich bezeichnet man jedoch auch heute noch viele *Pelargonium*-Arten als »Geranien«.

Doch egal, wie man sie nennt: Auf die Gartenlieblinge ist stets Verlass. So überleben sie selbst heiße, trockene Sommer und blühen wochenlang. Wild wachsen sie u. a. auf Madagaskar, in Neuseeland, im Jemen, auf der anatolischen Halbinsel in der Türkei sowie in Australien, wo Pelargonien nach dem Zweiten Weltkrieg sehr beliebt waren. Am häufigsten sind sie jedoch im südlichen Afrika zu finden. Ein Beispiel ist die Erberrautenblättrige Wildpelargonie (*Pelargonium abrotanifolium*), ein trockenheitsliebender Kleinstrauch, der in den Felsen des Westkaps heimisch ist. Besonders robuste Vertreter sind Zonal-Pelargonien (*Pelargonium hortorum*). Mit ihren attraktiven, mehrfarbigen Blättern in Silber-, Bronze-Rot- und Goldtönen sowie ihren leuchtenden, großen Blütenbüscheln verliehen sie besonders in den 1970er-Jahren vielen Gärten und Balkonen das gewisse Etwas. Die kaskadenartig überhängende Efeu-Pelargonie oder Hänge-Geranie (*Pelargonium peltatum*) wiederum verbreitet europaweit in Blumenkästen und -ampeln ein romantisches Flair. Und die Königspelargonie (*Pelargonium domesticum*), eine Hybride mit krausen Blättern und spektakulären mehrfarbigen Blüten, erinnert an Stiefmütterchen oder Azaleen.

DER APOTHEKER JOHN DALTON ERKANNTE, DASS ER FARBENBLIND WAR, ALS ER EINE ROTE ZONAL-PELARGONIE FÜR BLAU HIELT.

Ein sinnliches Erlebnis bieten Duftpelargonien: Wenn man vorsichtig ihre samtigen Blätter reibt, verströmen sie Aromen wie Pfefferminze, Rose, Zitrusfrüchte, Zimt oder Ananas. Die aus den Blättern gewonnenen ätherischen Öle werden in der Aromatherapie sowie zur Herstellung von Seife und Parfüm verwendet. Teils nutzt man sie auch kulinarisch, etwa für Tees oder Süßspeisen. Einige Köche empfehlen, Kuchenformen mit den Blättern von Pfefferminz-Geranien (*Pelargonium tomentosum*) auszulegen, um das Backwerk zu aromatisieren.

Daneben besitzen Pelargonien auch medizinische Eigenschaften. So verwendet man einen Extrakt aus der Wurzel der Südafrikanischen Kapland-Pelargonie (*Pelargonium sidoides*) als Mittel gegen Atemwegserkrankungen. Indigene Heilkundige kannten ihre Wirkung schon seit Jahrhunderten. Im späten 19. Jahrhundert führte sie dann Charles Stevens in Großbritannien ein. Im Alter von 17 Jahren war dieser an Tuberkulose erkrankt und in Südafrika von einem Heiler mit dem »geheimen Mittel« behandelt worden. Als er den Pelargonienwurzelextrakt später in England unter dem Namen »Umckaloabo« vertrieb, wurde er jedoch von der medizinischen Gemeinschaft verspottet und diskreditiert. Erst in den 1970er-Jahren wurde der Pflanzenextrakt offiziell als Medikament zugelassen und wird heute (ähnlich wie *Echinacea*) verwendet, um Atemwegsinfektionen zu lindern und die Symptome zu reduzieren.

Vorherige Seiten:

PELARGONIUM 'WARRENORTH CORAL'

EFEU-PELARGONIE
'GRAFFITI SALMON'

Pelargonien verdanken ihren Namen den storchschnabelartig verlängerten Früchten (griech.: *pelargos* = Storch). Die Bezeichnung »Geranien« leitet sich hingegen vom Kranich (griech.: *geranos*) ab.

Gegenüber:

PELARGONIUM
PELGARDINI
'FRANK HEADLEY'

PELARGONIUM
'APPLEBLOSSOM ROSEBUD'

MAGNOLIEN

MAGNOLIACEAE

Vor über 95 Millionen Jahren – lange bevor es Bienen gab – bestäubten Käfer die Vorläufer der Magnoliengewächse (*Magnoliaceae*) und suchten, angelockt von den großen Blüten und dem intensiven Duft der Bäume, in den pollenreichen Staubgefäßen nach Nahrung. Auch die Pflanzenjäger des 19. Jahrhunderts waren von den extravaganten Blüten der Magnolien fasziniert und durchforsteten die Täler des Himalaja in Nepal, Sikkim und Yunnan nach seltenen Exemplaren. Sie fanden Magnolienwälder mit meist sommergrünen, an ein kühles Klima angepassten Bäumen, deren kelchförmige Blüten elfenbeinfarben, rosa und violett an nackten, silbrigen Zweigen strahlten. Wurde ein blühender Baum entdecken, kehrten sie später zurück, um die Samen zu sammeln. So stieß Ernest Wilson in der chinesischen Provinz Sichuan auf eine riesige Sargent-Magnolie (*Magnolia sargentiana*). Bis er zurückkehren konnte, vergingen Jahre und als er wiederkam, war sie leider gefällt worden. Den Mühen dieser beharrlichen Sammler ist es zu verdanken, dass nahezu alle Magnolienarten aus kühl-gemäßigten Regionen ihren Weg in den Westen fanden.

EIN MAGNOLIEN-BAUM KANN BIS ZU 100 JAHRE ALT WERDEN.

Magnolien sind darüber hinaus in den USA und auf den Westindischen Inseln heimisch und gedeihen an der subtropischen Küste der amerikanischen Südstaaten am Golf von Mexiko. Ein Beispiel ist die nach Vanille duftende Sumpf-Magnolie (*Magnolia virginiana*), ein Vorbote des milden Frühlings in Florida. Die Immergrüne Magnolie (*Magnolia grandiflora*) mit ihren eleganten, elfenbeinfarbenen Blüten wiederum ist die Symbolpflanze der auch als »Magnolienstaaten« bezeichneten amerikanischen Bundesstaaten Louisiana und Mississippi. Die Frauen der Südstaaten tragen den Spitznamen »stählerne Magnolien«, der auf ihre Schönheit, kombiniert mit Stärke und Willenskraft verweist. Auch die texanische Metropole Houston wird oft als »Magnolienstadt« bezeichnet. Der Beiname stammt aus den 1870er-Jahren, als hier dichte Magnolienwälder wuchsen, die man teils immer noch an den Ufern des Buffalo Bayou findet.

In Japan wurden Magnolien nicht nur zur Zierde gepflanzt. Man verwendete die großen, ledrigen Blätter der Honoki-Magnolie (*Magnolia obovata*), um Fleisch und Gemüse darin einzuwickeln und über Holzkohle zu grillen. Junge Blütenblätter der Immergrünen Magnolie werden eingelegt und gegessen, mit ihren eingelegten Knospen wurde Reis bzw. Tee aromatisiert. In China pflanzt man die Yulan-Magnolie (*Magnolia denudata*), die Reinheit symbolisiert, schon seit 600 n. Chr. in buddhistischen Tempeln an.

Magnolienblüten sind zwittrig, was die Chancen einer Fremdbestäubung erhöht, wobei die weiblichen vor den männlichen Blütenteilen reifen. In den letzten Jahren haben Züchter, vor allem in Neuseeland und in den Brooklyn Botanic Gardens, die Farbpalette der Magnolien erweitert: Es entstanden Sorten wie 'Vulcan' (dunkles Magenta), 'Black Tulip' (sattviolett), 'Felix' (warmes Pink), 'Yellow Bird' (goldgelb) und die duftende 'Burgundy Star' (weinrot). Die *Magnoliaceae* heißen »Neuankömmlinge« stets willkommen, wobei sich die traditionsreichen »Stars« der Pflanzenfamilie ihres Erfolgs gewiss sein können. Mit ihren eleganten, vornehmen Blüten werden sie die Gärtner noch jahrhundertelang in ihren Bann ziehen, denn sie sind robust und widerstandsfähig.

Vorherige Seiten:

GELBE MAGNOLIEN-HYBRIDE

Magnolia × brooklynensis 'Yellow Bird'

Die in den Brooklyn Botanic Gardens gezüchtete Pflanze gilt als die schönste gelbe Magnolie der Welt.

TULPEN-MAGNOLIE

Magnolia × soulangeana

Als im späten 18. Jahrhundert die ersten Tulpen-Magnolien ins konservative Großbritannien gelangten, fanden viele sie »zu gewagt« für englische Gärten.

GROSSBLUMIGE SPRENGER-MAGNOLIE

Magnolia sprengeri

STERNMAGNOLIE

Magnolia stellata

TULPEN-MAGNOLIE

Magnolia × soulangeana 'Vulcan'

IMMERGRÜNE
MAGNOLIE

Magnolia grandiflora

HORTENSIEN

HYDRANGEACEAE

Mit ihrem Talent, schattige Ecken durch ihre großen Blüten zu verschönern, waren Hortensien weltweit Lieblinge in Großmutters Garten. Aber auch bei modernen Gärtnern, die sich von der Vielzahl neuer Hybriden überzeugen lassen, liegen sie inzwischen wieder im Trend.

Bekannt ist vielen der »Chamäleontrick« der großblättrigen Garten-Hortensie (*Hydrangea macrophylla*), deren kugelförmige Blüten je nach pH-Wert die Farbe ändern: Auf sauren Böden blüht die Pflanze in einem kräftigen Violettblau wie die atemberaubenden Hortensien an der Küste von Cape Cod (USA), während ein kalkhaltiger Boden rosafarbene und rote Blüten hervorbringt. Dies liegt daran, dass Hortensien Aluminiumionen aus dem Boden aufnehmen und anreichern, diese reagieren dann mit ihren Blütenpigmenten.

NACH ENGLISCHEM VOLKSGLAUBEN GALTEN HORTENSIEN IM GARTEN ALS UNGLÜCKSBRINGER, DIE DIE TÖCHTER DES HAUSES ZUR EHELOSIGKEIT VERDAMMTEN.

Hortensien (von lat.: *hortensius* = aus dem Garten) stammen aus Zentralasien und Amerika. Für Schlagzeilen sorgte die Gattung vor einigen Jahren, als die französische Polizei nach einer »Hortensienbande« fahndete: Jugendliche stahlen Pflanzen aus öffentlichen und privaten Gärten. Sie trockneten die Blätter und rauchten sie mit Tabak, um in einen euphorischen, leicht halluzinogenen Rauschzustand (ähnlich Cannabis) zu gelangen. Da dabei Vergiftungserscheinungen bis hin zum Tod drohen, handelt es sich um ein gefährliches »Vergnügen«. Die Knospen, Blüten und Blätter enthalten das Glykosid Amygdalin, das sich zu Blausäure aufspalten kann – ein tödliches Gift.

Normalerweise sind Hortensien jedoch als schmucke Gartenpflanzen begehrt. Die Garten-Hortensie mit ihren dunkelgrünen Blättern und den an altmodische Badekappen erinnernden Blütenständen ist die bekannteste Vertreterin der Familie. Doch auch die eindrucksvollen Tellerhortensien mit ihren filigranen Blüten, umgeben von einem Kranz aus auffälligen Scheinblüten, sind sehr attraktiv. Die Eichenblatt-Hortensie (*Hydrangea quercifolia*) beeindruckt mit ihren markanten namensgebenden Blättern, die Rispenhortensie (*Hydrangea paniculata*) bildet kegelförmige Blütenrispen und die Kletterhortensie (*Hydrangea petiolaris*) mit ihren vielen cremeweißen Blüten eignet sich perfekt für Gartenlauben. Eine Besonderheit ist hingegen die Hortensie 'Sir Joseph Banks' (*Hydrangea macrophylla* cv.), eine alte Züchtung zu Ehren des berühmten Botanikers und vermutlich eine der ersten, die aus Japan nach Europa gelangten. In der japanischen Kultur spielen Hortensien eine wichtige Rolle. So findet man sie als Motiv auf alten Holzschnitten, Keramiken, Stoffen und Kimonos. Häufig werden sie in Parks und Tempelgärten gepflanzt, ihre Blüten kündigen den Beginn der Regenzeit an. Aus den Blättern der heimischen Tellerhortensie (*Hydrangea serrata*) bereitet man in Japan einen süßen Kräutertee zu und jährlich im April – zum Geburtstag des Religionsstifters Siddhartha Gautama – segnet man Buddha-Statuen mit diesem »Tee des Himmels«. Die jungen Triebe und Blätter werden außerdem als Blattgemüse verzehrt.

Inzwischen sind auch Hortensien in dunklem Burgunderrot sowie zweifarbige Hybriden erhältlich und bringen frische Farben und neuen Schwung in die vielfältige Pflanzenfamilie.

Vorherige Seiten:

TELLERHORTENSIE

Hydrangea serrata 'Bluebird'

GARTEN-HORTENSIE

Hydrangea macrophylla

In der japanischen Kultur steht die Hortensie mit ihren unbeständigen Blütenfarben für Wandel und Vergänglichkeit. Die Japaner nennen sie deshalb *Nanahenge*, was »sieben Verwandlungen« bedeutet.

Wegen ihrer prachtvollen, üppigen Blüten symbolisiert die Hortensie in der Blumensprache Prunk und Eitelkeit. Doch eine rosafarbene Hortensie kann auch bedeuten: »Du hast mein Herz gewonnen«.

EICHENBLATT-HORTENSIE

Hydrangea quercifolia 'Little Honey'

RISPENHORTENSIE

Hydrangea paniculata 'Grandiflora'

Gegenüber:
GARTEN-HORTENSIE
Hydrangea macrophylla
'Endless Summer'

GARTEN-HORTENSIE
Hydrangea macrophylla
'Mariesii Variegata'

In der Hexenkunst verwendet man Hortensien, um Flüche zu brechen.

ÖLBAUM-GEWÄCHSE

OLEACEAE

Der impressionistische Maler Pierre-Auguste Renoir schrieb 1918 in einem Brief an seinen Freund und Kunsthändler Paul Durand-Ruel: »Der Olivenbaum, was für ein Ungetüm! Ein Windstoß, und die Tonalität des ganzen Baumes verändert sich. Die Farbe befindet sich nicht auf den Blättern, sondern in den Lücken zwischen ihnen.«

Ähnlich wie Claude Monet, der sich von seinem Seerosengarten inspirieren ließ, war Renoir von einem alten Olivenhain auf seinem Bauernhof Les Collettes in Cagnes-sur-Mer fasziniert, der im magischen Licht Südfrankreichs erstrahlte. Sechs Jahre lang probierte er, die »Seele« des Olivenbaums (*Olea europaea*) auf Leinwand zu bannen, versuchte die knorrigen Ästen und die vergängliche Schönheit der silbrig grünen Blätter einzufangen. Mit seiner Begeisterung war er nicht allein. Viele große Künstler – darunter Vincent van Gogh, Claude Monet, Edgar Degas, Henri Matisse und Salvador Dalí – versuchten sich daran, das Wesen dieser flüchtigen »mediterranen Muse« einzufangen.

MIT INSGESAMT CA. 900 MILLIONEN BÄUMEN IST DIE OLIVE EINE DER WELTWEIT AM HÄUFIGSTEN ANGEBAUTEN KULTURPFLANZEN.

Doch nicht nur Künstler zog der rätselhafte Baum in seinen Bann. Im antiken Griechenland, im alten Israel und in anderen Ländern der Levante verwendete man sein seit Jahrtausenden geschätztes Öl für Opferzeremonien sowie zur Salbung von Königen und Priestern. Auch in der Bibel wird der Olivenbaum erwähnt: Nach der Sintflut kehrte eine Taube mit einem Olivenzweig im Schnabel zu Noah auf die Arche zurück – ein Zeichen Gottes für das neue Leben. Und der Prophet Mohammed bezeichnete den Olivenbaum im Koran mehrfach als gesegneten, heiligen Baum. In der griechischen Mythologie wird beschrieben, wie die Göttin Athene, Tochter des Zeus, auf der Akropolis einen Olivenbaum entspringen ließ. Mit diesem Geschenk an die Athener wurde sie zur Schutzgöttin der Stadt.

Der genaue Ursprung des Gewächses liegt im Dunkeln. Fossile Blattabdrücke belegen, dass Olivenbäume schon vor 54 000 Jahren auf den vulkanischen Böden der Insel Santorin wuchsen. Aus dem Holz der Olivenbäume schnitzte man im alten Griechenland Götterstatuen (*Xoana*) und das Öl wurde verwendet, um die ewige Flamme bei den ersten Olympischen Spielen im antiken Athen zu entzünden. Zur Erntezeit schüttelt man traditionell die prallen, schwarzvioletten oder grünen Früchte von den Bäumen und fängt sie mit Netzen oder Tüchern auf. Nach der Ernte werden sie zermahlen und gepresst, um das Öl zu extrahieren. Je nach Boden unterscheidet sich der Geschmack des Olivenöls. So hat italienisches Öl eine andere Fruchtigkeit, Schärfe und Würze als das Öl, das man im Libanon herstellt.

Ein weiterer »Star« unter den Ölbaumgewächsen ist der Echte Jasmin (*Jasminum officinale*). Wegen des berauschenden, süßen Dufts, den er in der sommerlichen Abenddämmerung verströmt, wird sein Öl auch »König der Öle« genannt.

Bleibt nur die Frage, ob es Renoir jemals gelang, der *Olea europaea* künstlerisch Herr zu werden. Die Kunstgeschichte ist dieser Auffassung: Das Gemälde seiner Olivenhaine (»Les Oliviers de Cagnes«) zählt zu den maßgeblichen Werken der Landschaftsmalerei.

Vorherige Seiten:

ECHTER JASMIN

Jasminum officinale

Sein Öl wird in der Parfümherstellung sowie – aufgrund seiner beruhigenden Wirkung – in der Aromatherapie verwendet.

GEMEINER FLIEDER

Syringa vulgaris

GEMEINER FLIEDER

Syringa vulgaris 'Little Boy Blue'

GARTEN-FORSYTHIE

Forsythia × intermedia

GEMEINER FLIEDER

Syringa vulgaris 'Angel White'

Der Olivenzweig ist schon seit Langem ein Friedenssymbol. So zeigt die Flagge der Vereinten Nationen den Erdkreis, umrahmt von Olivenzweigen.

GEMEINER FLIEDER

Syringa vulgaris
'Sensation'

NARZISSEN-GEWÄCHSE

AMARYLLIDACEAE

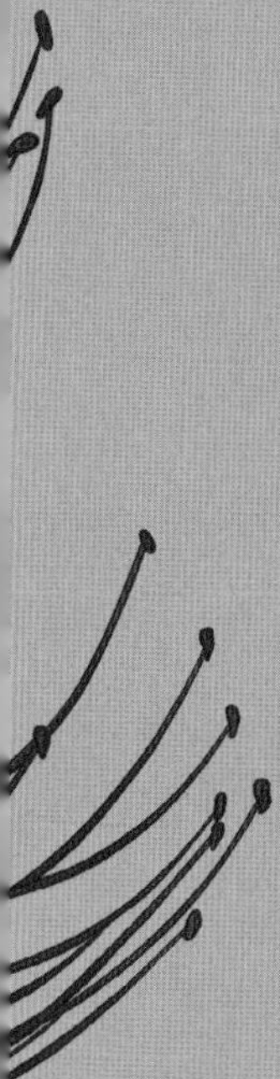

Die Familie der *Amaryllidaceae* ist bekannt für ihre leuchtenden Frühjahrsblüher wie die Gelbe Narzisse (*Narcissus pseudonarcissus*) und die Jonquille (*Narcissus jonquilla*), aber auch für genießbare Lauchgewächse wie Gemeine Zwiebel (*Allium cepa*), Echten Knoblauch (*Allium sativum*) und Lauch (*Allium ampeloprasum*).

Die Speisezwiebel zählt zu den ältesten Gemüsesorten der Welt. Die filigranen Scheindoldenblüten der Pflanze sitzen auf langen Stängeln mit röhrenförmigen Blättern. Ihre Zwiebel wird weltweit als Grundnahrungsmittel geschätzt. Angesichts des genügsamen Gemüses wurden schon viele Tränen vergossen, denn beim Aufschneiden entsteht eine chemische Verbindung, die die Augen reizt.

Noch mehr Würze als Zwiebeln verleiht Knoblauch den verschiedenen Speisen. Er kann sogar laut dem Volksglauben vieler Länder Vampire vertreiben. Von alters her ist er in der Heilkunde als natürlicher Blutverdünner bekannt und römische Soldaten rieben ihre Schwerter mit Knoblauch ein, damit ihre damit verletzten Gegner schneller verbluteten.

ZWIEBELN LASSEN SICH NUR SCHWER UNTERSCHEIDEN. VERWECHSLUNGEN VON SPEISEZWIEBELN MIT GIFTIGEN NARZISSEN HABEN SCHON ZUM TOD GEFÜHRT!

Vergleichsweise harmlos wirken dagegen Narzissen, die ursprünglich in der Natur hauptsächlich auf der Iberischen Halbinsel in Spanien und Portugal sowie in Nordafrika vorkamen und bereits seit dem Mittelalter kultiviert werden. In offenen Wäldern und auf Wiesen sind sie heute auch in Mitteleuropa ein reizvoller Anblick, in Millionen von Gärten läuten sie weltweit den Frühling ein und wegen ihres süßen Dufts wurden sie im 16. Jahrhundert für Girlanden verwendet. Bei all dem Liebreiz vergisst man jedoch schnell, dass Stängel, Zwiebeln, Blätter und Blüten allesamt giftig sind. Ihr Name leitet sich vom griechischen Wort *narkein* ab, das so viel wie »betäuben« bedeutet. Je nach Menge kann der Verzehr zu leichter Übelkeit bis hin zu Lähmungserscheinungen und Herz-Rhythmus-Störungen führen. So wurde eine Gruppe englischer Schulkinder vor etwa zehn Jahren ins Krankenhaus eingeliefert, nachdem ein Schüler bei einem Kochkurs eine Narzissenzwiebel in die Suppe gegeben hatte.

In der griechischen Mythologie symbolisiert die Pflanze Hölle, Tod und Eitelkeit. So berichtet eine Sage, wie die Göttin Persephone eine herrliche Narzisse erblickte und von Hades in die Unterwelt entführt wurde, als sie sie pflücken wollte. Eine weitere Geschichte erzählt vom schönen Jüngling Narziss, der sich verliebte, als er auf der Jagd sein Spiegelbild im Wasser erblickte. Da er merkte, dass er sein Verlangen nicht stillen konnte, starb er an unerfüllter Liebe. An der Stelle seines Todes aber wuchs eine herabschauende Blume – so als würde sie ihr eigenes Spiegelbild betrachten. Später prägte der Psychiater Sigmund Freud, basierend auf dieser Geschichte, den Begriff »Narzisst«.

Zwiebelfreunde und Narzissenliebhaber auf der Suche nach den gefährlich hübschen und hochgiftigen *Amaryllidaceae* sollten sich also in Acht nehmen – es sei denn, es handelt sich um die gute alte Gemüsezwiebel.

Vorherige Seiten:

ROSAROTE SPINNENLILIE

Lycoris radiata

Die giftigen Zwiebeln dieser aus Asien stammenden Pflanze dienen, rund um Reisfelder gepflanzt, als natürliche Barriere gegen Schädlinge.

ZIERLAUCH

Allium 'Globemaster'

Die Zwiebel inspirierte den schwedischen Botaniker Carl von Linné dazu, ein Klassifizierungssystem für Pflanzen zu entwickeln. Seine binäre Nomenklatur wird noch heute verwendet.

SCHÖNER KIEL-LAUCH

Allium carinatum subsp. pulchellum

ISMENE

Hymenocallis × festalis 'Zwanenburg'

Auf Gustav Klimts Gemälde »Die Tänzerin«, eines der letzten Werke des Jugendstil-Malers, ist ein Strauß Narzissen zu sehen.

MOHN

PAPAVERACEAE

Schlafmohn (*Papaver somniferum*) genießt weltweit einen berühmt-berüchtigten Ruf. Seine hauchdünnen Blütenblätter erfreuen mit ihrem scharlachroten, rosafarbenen oder violetten Leuchten das Auge, während der Saft aus den Samenkapseln seit jeher eine Quelle von Freud und Leid ist. Die Pflanze stammt aus dem westlichen Mittelmeerraum und gelangte auf der alten Seidenstraße von Europa nach China. Heute wird sie vor allem im heißen, trockenen Klima Mexikos angepflanzt sowie im berüchtigten Goldenen Dreieck (Myanmar, Laos und Thailand), einst Hauptlieferant für den weltweiten Heroinhandel, und in Afghanistan, das heute den Markt beherrscht.

Erstmals vor etwa 6000 Jahren angebaut, nutzte man Opium, den getrockneten Milchsaft aus den unreifen Samenkapseln des Schlafmohns, schon seit der Jungsteinzeit als Betäubungsmittel. Die alten Griechen und Römer setzten ihn zur Schmerzlinderung ein. Die winzigen, schwarzen Samen in den reifen Kapseln lassen sich hingegen zum Backen verwenden. Doch Vorsicht: Zwar machen Mohnsamen auf Brötchen und Co. nicht süchtig, doch wer zu viel davon isst, riskiert positive Ergebnisse bei einem Drogentest. Morphin, der Hauptbestandteil von Opium, ist auch heute noch das Maß aller Dinge in puncto Schmerzlinderung. Das Alkaloid wurde 1803 isoliert und seiner beruhigenden Wirkung wegen nach Morpheus, dem griechischen Gott der Träume, benannt. Die Ärzte des 19. Jahrhunderts verschrieben es als Allheilmittel für eine Vielzahl von Beschwerden.

ROTER MOHN SYMBOLISIERT IN ENGLAND DAS GEDENKEN AN DIE GEFALLENEN DER WELTKRIEGE.

Ausgehend von China, entstanden im 19. Jahrhundert vielerorts in Südostasien, Nordamerika und den Hafenstädten Westeuropas »Opiumhöhlen« – legal oder illegal betriebene Salons, in denen man Opium kaufen und rauchen konnte. Auf Pritschen liegend, erhitzte man es über Öllampen und inhalierte den Rauch aus langen Pfeifen. Opium und Laudanum (Opiumtinktur) waren beliebte Freizeitdrogen der Bohèmiens und Literaten. Auch Thomas Jefferson, der dritte Präsident der USA, war Opiumkonsument und in den 1980er-Jahren entfernte die amerikanische Drogenbehörde auf seinem einstigen Anwesen Monticello Mohnpflanzen, die dort bereits zu seinen Lebzeiten wuchsen.

Der Opiumhandel im 19. Jahrhundert war stark umkämpft. Zwar versuchte China, den Vertrieb und Schmuggel durch westliche Händler zu unterbinden, es war dem Britischen Empire jedoch schlussendlich unterlegen. Aus den beiden Opiumkriegen, die um die Handelsrechte entbrannten, ging China als Verlierer hervor, und gegen Ende des Jahrhunderts war ein Großteil seiner Bevölkerung opiumsüchtig.

Als angeblich »nicht süchtig machende Alternative« zu Morphium wurde 1898 Heroin auf den Markt gebracht. Seinen Namen erhielt die erstmals in Deutschland aus Morphin synthetisierte Droge, nachdem ihr Probanden eine »heroisch« stimmende Wirkung attestiert hatten. Ursprünglich als legales Husten- und Schmerzmittel vertrieben, löste es eine Flut schwerer Suchterkrankungen aus, bevor es 1924 in den USA verboten und sein kommerzieller Vertrieb einige Jahre später eingestellt wurde.

In Indien, der Türkei und Australien wird Schlafmohn auch heute noch legal für die medizinische Morphiumproduktion angebaut. Doch für viele Gärtner ist dies nebensächlich. Sie erfreuen sich am beglückenden Anblick der Mohnblumen, die farbenprächtig den Frühling verkünden.

Vorherige Seiten:

BLAUER SCHEINMOHN AUS DEM HIMALAJA

Meconopsis x *sheldonii* 'Lingholm'

SCHLAFMOHN

Papaver somniferum 'Drama Queen'

KLATSCHMOHN

Papaver rhoeas 'Amazing Grey'

TRÄNENDES HERZ

Lamprocapnos spectabilis

PFINGSTROSENMOHN

Papaver paeoniflorum

Gewöhnlicher Klatschmohn (*Papaver rhoeas*) zierte die Blumensträuße, die auf dem Sarg von Pharao Tutanchamun abgebildet waren.

ISLANDMOHN

Papaver nudicaule

HAHNENFUSS-GEWÄCHSE

RANUNCULACEAE

Hahnenfußgewächse (*Ranunculaceae*) sind eine faszinierende Pflanzenfamilie, erfüllt von wilder Mythologie, üppiger Schönheit und wissenschaftlichen Wundern. Müßiggang ist ihnen fremd und so blühen Christrosen und einige Windröschenarten selbst mitten im Winter. Später im Jahr berankt die kletternde *Clematis* zahlreiche Lauben, während uns der Hahnenfuß mit seinen schillernden, gelben Blütenblättern verzaubert.

Den Scharfen Hahnenfuß (*Ranunculus acris*), bisweilen im Volksmund auch »Butterblume« genannt, kennen Kinder schon seit Jahrhunderten als spielerisches Orakel, das ihnen »weissagen« kann, ob sie Butter mögen: Reflektieren die Blütenblätter auf der Haut gelb, wenn man sich die Blume unter das Kinn hält, lautet die Antwort »ja«. Auch wenn die »Hellsichtigkeit« der Butterblume fasziniert, hat das gelbe Schimmern nichts mit geschmacklichen Vorlieben, sondern vielmehr mit dem Aufbau der Blüten zu tun, den Wissenschaftler schon seit fast einem Jahrhundert erforschen.

RANUNCULUS BEDEUTET ÜBERSETZT »KLEINER FROSCH« UND RÜHRT DAHER, DASS DIE PFLANZEN – EBENSO WIE FRÖSCHE – IM DER NÄHE VON GEWÄSSERN LEBEN.

So enthält die äußere Schicht der Blütenblätter (Epidermis) Pigmente, die den blauen und grünen Anteil des sichtbaren Lichts absorbieren und die restlichen Lichtwellen reflektieren, was wir als Gelb wahrnehmen. Die Epidermis besteht aus zwei hauchdünnen Zellschichten mit einer darunterliegenden Luftschicht, die die Lichtreflexion wie ein Spiegel verstärken. Wenn die Sonne hoch steht, blitzt das reflektierte Licht wie ein Scheinwerfer auf und zieht zahlreiche Bienen und andere Bestäuber an. Aber das ist noch nicht alles: An kalten Tagen erwärmt der Hahnenfuß seine Blüten, indem er sie am Sonnenlauf ausrichtet und seine Blütenblätter kelchförmig aufstellt, um die Sonnenenergie zu bündeln. Die Wärme macht die Blüten für bestäubende Insekten besonders attraktiv, da sie so ihre Körpertemperatur besser aufrechterhalten können.

Doch *Ranunculaceae* müssen nicht immer gelb sein. Dies beweist z. B. der auch als Ranunkel bekannte Asiatische Hahnenfuß (*Ranunculus asiaticus*), dessen Blütenfarben von Weiß über Gelb und Orange bis hin zu Rosa, Magenta und Rot reichen.

Eine weitere Gattung sind die Windröschen (Anemonen) mit rund 150 Arten, darunter die Buschwindröschen (*Anemone nemorosa*) – leuchtende Frühlingsboten, die in gemäßigten Wäldern und im rauen Alpenklima gedeihen. Bekannt ist auch die Kronen-Anemone (*Anemone coronaria*), von der die griechische Mythologie folgende Geschichte erzählt: Als Adonis, der sterbliche Geliebte der Aphrodite, auf der Jagd vom eifersüchtigen Ares in Gestalt eines Keilers getötet wurde, vermischte sich sein Blut mit den Tränen der Göttin, und wo es zur Erde fiel, wuchs eine scharlachrote Anemone.

Auch in der Blumensprache sind Anemonen traditionell mit Verlust und Vergänglichkeit verbunden – vielleicht, weil die meisten Hahnenfußgewächse giftig sind. Ein Beispiel hierfür ist der Eisenhut (*Aconitum*), dessen Gift in der Antike getrunken wurde, um – oft innerhalb von Stunden – den Tod herbeizuführen. Selbst schon der Hautkontakt mit der gefährlichen Pflanze kann bei unvorsichtigen Menschen Symptome wie Verwirrung und Atemnot auslösen.

Vorherige Seiten:

RITTERSPORN

Delphinium elatum 'Coral Sunset'

KRONEN-ANEMONE

Anemone coronaria 'De Caen Bicolor'

Anemonen, die ihre Blütenblätter schließen, sollen angeblich Regenwetter ankündigen und dem irischen und englischen Volksglauben nach schlafen nachts die Feen in den geschlossenen Blüten.

CLEMATIS-HYBRIDE 'MULTI BLUE'

CLEMATIS-HYBRIDE 'PIILU'

Clematis ist ein Bestandteil von »Rescue-Tropfen«, die in der Bach-Blütentherapie bei Stress und Angstzuständen eingesetzt werden. In einigen Kulturen wird sie in sehr geringen Dosen als Mittel gegen Kopfschmerzen eingesetzt.

Gegenüber:

CHRISTROSEN

(*Helleborus orientalis*)

Christrose 'Onyx Odyssey',
Christrose 'Double Ellen White Spotted',
weiße Christrose (*Helleborus niger*),
Christrose 'Double Ellen Picotee' und
grüne Christrose (*Helleborus viridis*)

CHRISTROSE
'ANNA'S RED'

CLEMATIS 'CASSIS'

CLEMATIS
'FAIRY QUEEN'

PASSIONS-
BLUMEN

PASSIFLORACEAE

Exotisch, unbändig und kraftvoll, bringen die Passionsblumengewächse (*Passifloraceae*) leuchtende, stolze Blüten hervor, die nicht von dieser Welt zu sein scheinen. Die Pflanzenfamilie gedeiht weltweit in subtropischen und tropischen Gegenden. Ihre umfangreichste Gattung sind die Passionsblumen (*Passiflora*), die weitgehend in den Tropen der »Neuen Welt« beheimatet sind. So wachsen sie beispielsweise in den feuchten subtropischen und tropischen Wäldern Floridas, auf den Inseln der Karibik und im schwülen Dschungel Mittelamerikas, aber auch in Australien oder Vietnam.

Die meisten Vertreter der Familie sind schnellwüchsige Kletterpflanzen, die sich mit ihren Ranken an Bäumen, Spalieren oder Gittern emporranken und mit ihren glänzenden, grünen Blättern schnell ganze Wände bedecken können. Auffälligstes Merkmal der Passionsblumen sind ihre radiärsymmetrischen Blüten mit meist fünf Kelch- und fünf Kronblättern, einem Strahlenkranz aus fadenförmigen, oft intensiv gefärbten Staminodien (sterile Staubblätter), drei Narben und fünf fertilen Staubblättern, die nach außen gerichtet sind, um Bienen, Kolibris und Fledermäusen das Pollensammeln zu erleichtern.

MANCHE PASSIONSBLUMEN BLÜHEN NUR EINEN EINZIGEN TAG LANG.

Christliche Missionare, die die Pflanze beschrieben, sahen in ihr ein Symbol der Passion Christi, worauf auch ihr Name verweist: Die Kelch- und Kronblätter stehen für die zehn »treuen« Apostel (wobei Judas, der Jesus verriet, und Petrus, der ihn in der Abendmahlsnacht dreimal verleugnete, nicht mitgezählt werden). Der Strahlenkranz symbolisiert die Dornenkrone, die Ranken die Geißelung, der kelchförmige Fruchtknoten den Abendmahlskelch und die Narben die Nägel, mit denen Christus ans Kreuz geschlagen wurde. Selbst die beruhigende Wirkung der Passionsblumenblätter, die die Ureinwohner gegen nervöse Unruhe und Schlaflosigkeit einsetzten, galt als ein Segen Christi.

Ein besonderer Blickfang ist die Riesen-Granadilla (*Passiflora quadrangularis*) mit ihren duftenden, rötlichen Blüten und purpurfarbenen Staminodien. Die unbändige Kletterpflanze wächst kräftig und schnell und ihre melonenartigen Früchte wiegen so viel wie ein neugeborenes Baby. Ihr Fruchtfleisch schmeckt süß und mild und lässt sich z. B. für Obstsalate, Säfte oder Eiscreme verwenden.

Auch die schnell wachsende Winterharte Passionsblume (*Passiflora incarnata*) ist ein robuster Kletterer und wird innerhalb weniger Wochen neun Meter hoch. Die Pflanze trägt auffällige rosafarbene, bläuliche, violette oder weiße Blüten und ihr moschusartiger, zitroniger Duft lockt viele Schmetterlinge an, wobei jede Blüte nur einen Tag lang blüht. In den südöstlichen USA, wo die Pflanze beheimatet ist, wird sie auch als *maypop* bezeichnet, da sie im Mai neu austreibt und die essbare Frucht mit einem »Pop« platzt, wenn man darauftritt. Ihre stärkehaltigen Wurzeln dienen als Nahrungsmittel und die Blätter der Pflanze lassen sich zu einem beruhigenden Tee aufbrühen oder trocknen und räuchern. Die wohl bekannteste essbare Passionsblumenart ist jedoch die Maracuja oder Passionsfrucht (*Passiflora edulis*), deren violette Früchte voller Nährstoffe und Antioxidantien stecken.

Passionsblumen sind ohne Zweifel ein echter Hingucker und ihre markanten, leuchtenden Blüten, die an üppigen Ranken wachsen, verleihen tropischen Gärten auf der ganzen Welt einen besonderen dekorativen Reiz.

Vorherige Seiten:

ROTE WEINBLÄTTRIGE PASSIONSBLUME

Passiflora vitifolia

PASSIFLORA KERMESINA

BLAUE PASSIONSBLUME

Passiflora caerulea

PASSIONSBLUMEN-HYBRIDE

Passiflora trifasciata × telesiphe

RIESEN-GRANADILLA

Passiflora quadrangularis

WINTERHARTE PASSIONSBLUME

Passiflora incarnata

Eine Wirtspflanze für Schmetterlinge, die ihre Larven auf den Blättern der Pflanze ablegen.

GRANADILLA
DE MONTE
Passiflora ambigua
STINKENDE
PASSIONSBLUME
Passiflora foetida
GELBE
PASSIONSBLUME
Passiflora cirrhiflora

PASSIFLORA GRITENSIS

Die an kühle Klimazonen angepasste Pflanze versprüht ein Feuerwerk aus kräftigen Pink- und Orangetönen, während die Staubfäden zarte weiße Spitzen zieren.

Besonders schön wirken Passionsblumenblüten, wenn man sie in einer Schale mit Wasser schwimmend arrangiert – eine entspannende Art, ihre komplexe Blütenstruktur zu bewundern.

PASSIFLORA UMBILICATA

BEGONIEN

BEGONIACEAE

Die pflegeleichten *Begoniaceae* sind eine große Familie von blühenden Blattpflanzen, die in feuchten tropischen und subtropischen Regionen gedeihen. Ihre verbreitetste Gattung sind mit mehr als 1800 Arten die äußerst vielfältigen Begonien (*Begonia*). Zu ihnen zählen z. B. die Engelsflügel-Begonien mit hohen, Stängeln, behaarte Begonienarten mit weichen, samtigen Blättern und Königsbegonien, die für ihre markant gemusterten Blätter bekannt sind. Es gibt Strauchbegonien und Knollenbegonien, hängende und kletternde Arten sowie solche mit einfachen, gefüllten oder gerüschten Blüten.

Begonien sind einhäusig, das heißt, an ein und derselben Pflanze entwickeln sich gleichzeitig sowohl weibliche als auch männliche Blüten. Ihr Farbspektrum reicht von Weiß über Gelb und Orange bis hin zu Rosa und Rot. Ebenso charakteristisch wie die Blüten sind die asymmetrischen, schiefen Blätter, die ebenfalls vielfältig gefärbt sein können. So sind z. B. die Blätter der aus dem Hochland von Taiwan stammenden *Begonia formosana (Hayata) Masam* silbern und weiß gesprenkelt, während die großen, mehrfarbigen Blätter der Begonie 'Escargot' (*Begonia-rex*-Hybride) in schneckenförmigen Spiralen wachsen. Die Begonie 'Little Miss Mummey' hingegen zieht mit ihren silbern gesprenkelten schwarzgrünen Blättern und roten Blattunterseiten die Blicke auf sich.

DUFTBEGONIEN VERSTRÖMEN EIN FEINES AROMA, DAS JE NACH SORTE VARIIERT.

Besonders spektakulär ist die seltene Pfauenbegonie (*Begonia pavonina*), deren Blätter metallisch blau schimmern bis türkis leuchten. Verantwortlich hierfür sind sogenannte Iridoplasten, die sich aus gewöhnlichen Chloroplasten entwickelt haben. Sie entstanden in Anpassung an die schattigen Waldhänge Malaysias, die blühenden Pflanzen nur wenig Licht zur Photosynthese bieten. Durch ihre kristallähnliche Anordnung können die Iridoplasten grüne Lichtwellen, die auch noch bis zum Waldboden in größeren Mengen vordringen, besser absorbieren und zur Energiegewinnung nutzen – die schillernde Blattfarbe ist ein attraktiver Nebeneffekt.

Es gibt sogar Begonien mit essbaren Pflanzenteilen. So geben z. B. die säuerlich schmeckenden Blätter von bestimmten Begonienarten Salaten ein frisches, zitrusartiges Aroma und ihre Blütenblätter schmücken die Teller in einigen der weltbesten Restaurants. In Mexiko und Asien dienen die Blätter einiger Begonienarten seit Jahrhunderten als Vitamin-C-reiche Zutat für Currys und Pfannengerichte oder werden als Heilmittel gegen Hals- und Zahnschmerzen eingesetzt.

Die meisten Begonienarten sind in Südamerika beheimatet. Eine Besonderheit in der Pflanzenfamilie ist die Gattung *Hillebrandia* aus Hawaii. Ihre einzige Art, *Hillebrandia sandwicensis*, mit zierlichen rosafarbenen und weißen Blüten, wächst in den tiefen Schluchten des imposanten Waimea Canyon. DNA-Analysen legen nahe, dass eine Vorläuferart schon vor über 50 Millionen Jahren existierte – und damit etwa 20 Millionen Jahre vor der Entstehung der Hawaii-Inseln. Wissenschaftler vermuten, dass ihre winzigen Samen einst durch Vögel oder vom Wind verbreitet wurden und so in ihre heutige Heimat gelangten.

Mit ihren leuchtenden Blüten und bunten Blättern bringen die *Begoniaceae* heute selbst die dunkelsten Wälder zum Strahlen – und auch die Augen vieler begeisterter Pflanzenliebhaber, die sie in ihren Gärten und Wohnungen willkommen heißen.

Vorherige Seiten:
BEGONIA TALIENSIS GAGNEP.

KNOLLENBEGONIE

Begonia boliviensis 'Bellagio Blush'

Gegenüber:
BEGONIA
'PINK MINX'

ENGELSFLÜGEL-BEGONIE
Begonia aconitifolia × coccinea

KNOLLENBEGONIE

Begonia tuberhybrida 'Picotee Lace Apricot'

In der Blumensprache steht die Begonie
für Bedachtsamkeit.

BEGONIEN-HYBRIDE

Begonia boliviensis × hybrid
'Million Kisses Amour'

Gegenüber:
BEGONIA 'GARDEN ANGEL BLUSH'

KNOLLENBEGONIE
Begonia tuberhybrida
'Sugar Candy'

KAMELIEN

THEACEAE

Kamelien (*Camellia*) – eine Gruppe von »unterkühlten Schönheiten« in glänzendem, immergrünem Gewand – sind die glamourösen Diven unter den Teestrauchgewächsen (*Theaceae*). Kamelien wachsen wild in Ostasien – von den niedrig gelegenen Himalajaregionen bis nach China, Japan und Indonesien – und sind kühle bis milde Bedingungen gewöhnt. Ihre Blätter dienen der Teeherstellung, aus ihren Samen presst man Öl und ihre Blüten, die rosa, rot oder weiß sowie gestreift oder gesprenkelt sein können, machen sie zu beliebten Zierpflanzen. In China und Japan wird die Kamelie schon seit Jahrhunderten kultiviert und für ihre perfekten Blüten bewundert. Im 17. Jahrhundert gelangte sie dann auch in den Westen, nach Europa und Amerika.

IN HARPER LEES ROMAN »WER DIE NACHTIGALL STÖRT« SYMBOLISIERT DIE WEISSE KAMELIE VERSTÄNDNIS UND MITGEFÜHL.

Schon die Kaiser im alten China hatten Kamelien in ihren Gärten und in Japan wurden sie in der Nähe von Tempeln und Kultstätten gepflanzt, da man glaubte, die Shinto-Götter wohnen in den Blüten, wenn sie auf die Erde kommen. Einem japanischen Volksglauben nach sollte man sich allerdings davor hüten, einem Samurai eine Kamelie zu überreichen. Denn wenn die Blüte verwelkt, fällt der gesamte Blütenkopf auf einmal vom Stängel – ähnlich wie der Kopf eines Kriegers, der abgeschlagen zu Boden fällt. Eine weitere jahrhundertealte Tradition in Japan ist die Gewinnung von Kamelienöl aus kalt gepressten Samen von *Camellia japonica* und *Camellia oleifera*. Mit dem Öl pflegten Krieger ihre Waffen und Sumo-Ringer ihr Haar, während Geishas es verwendeten, um ihr Make-up zu entfernen und der Haut Feuchtigkeit zu spenden. Das Öl ist auch für den Verzehr geeignet und steckt voller Vitamine und Mineralien. Durch seinen hohen Rauchpunkt eignet es sich sogar zum Ausbacken von Tempura (Gemüse oder Meeresfrüchte im Teigmantel) und sein milder Geschmack verleiht Salatdressings eine feine Süße.

Holzasche von Kamelienbäumen wird schon seit Jahrtausenden zum Brauen von Sake, dem berühmten japanischen Reiswein, verwendet. Mit Holzasche vermischter Reis wird dabei zunächst mit Tane-koji (Schimmelpilzsporen) geimpft, deren Enzyme die im Reis enthaltene Stärke in Glukose umwandeln. Diese aktiviert die im weiteren Brauprozess zugegebene Hefe und setzt die Gärung in Gang.

Darüber hinaus sind die symmetrischen Kamelienblüten ein beliebtes künstlerisches Motiv, das u. a. chinesisches Porzellan und Tapeten sowie kostspielige Kreationen in der Haute Couture ziert. So trug beispielsweise die berühmte Modeschöpferin Coco Chanel gern eine seidene Kamelienknospe am Revers, am Hut oder im Haar und Kamelienblüten fanden sich ab den 1920er-Jahren immer wieder in ihren Entwürfen.

Doch das vielleicht größte Geschenk der Kamelie an die Welt ist das herrliche Aroma von einer einfachen Tasse Tee. Der Legende nach entdeckten die Chinesen vor rund 5000 Jahren, dass heißes Wasser, mit den Blättern der Teepflanze (*Camellia sinensis*) aromatisiert, ein anregendes und zugleich beruhigendes Getränk ergab. Im 17. Jahrhundert gelangte die Kunst der Teezubereitung nach Korea und Japan und etwa zur gleichen Zeit nach Europa. Vor allem in England wurde Tee als ein Getränk, »das erheitert, aber nicht berauscht«, bei Arm und Reich beliebt und entwickelte sich mit den Jahren zu einem wichtigen Eckpfeiler der britischen Kultur sowie zum Nationalgetränk.

Vorherige Seiten:
KAMELIE 'YUME'

In Neuseeland wurde die weiße Kamelie zum Symbol für das Frauenwahlrecht und erscheint auch auf der Zehn-Dollar-Note des Landes.

JAPANISCHE KAMELIE

Camellia japonica 'Dahlonega'

JAPANISCHE KAMELIE

Camellia japonica
'Dona Herzilia de Freitas Magalhães'

CAMELLIA JAPONICA
'KICK OFF'
CAMELLIA JAPONICA
'IRRATIONAL EXUBERANCE'
CAMELLIA JAPONICA
'MARGARET DAVIS'

CAMELLIA JAPONICA
'VOLUNTEER'

CAMELLIA JAPONICA
'LADY VANSITTART'

Kamelien werden auch »Winterrosen« genannt,
weil sie in der kalten Jahreszeit blühen.

CAMELLIA JAPONICA
'VILLE DE NANTES'

CAMELLIA JAPONICA
'TAMA VINO'
CAMELLIA JAPONICA
'LIPSTICK RED'

MALVEN-GEWÄCHSE

MALVACEAE

Manche Familien sind ein bunt gemischter Haufen grundverschiedener Charaktere, die nichts gemeinsam zu haben scheinen. Die auffällig vielfältigen Malvengewächse (*Malvaceae*) sind eine solche Sippe: Okra, Baumwolle, Durianbaum, Malve, Stockrose, Australischer Flammenbaum und der üppige Hibiskus gehören allesamt zur selben Pflanzenfamilie.

Viele der Arten sind Heilpflanzen, deren medizinische Wirkung auf Schleimstoffen beruht. Die Kleinblütige Malve (*Malva parviflora*) etwa wird bei Verbrennungen, Entzündungen sowie Halsschmerzen und trockenem Husten eingesetzt. Und aus den Blättern des Chinesischen Roseneibischs (*Hibiscus rosa-sinensis*) wird ein leicht säuerlicher, rubinroter Tee hergestellt, der reich an Antioxidantien und Vitamin C ist.

NACH HINDU-GLAUBEN VERKÖRPERT HIBISKUS GÖTTLICHE ENERGIE UND ROTER ROSENEIBISCH WIRD DEN GÖTTERN KALI UND GANESH ALS OPFERGABE DARGEBRACHT.

Stockrosen (*Alcea*) sind seit viktorianischer Zeit ein häufiger Anblick in Cottage-Gärten. Da sie so hoch wachsen, dass man mit ihnen die Außentoilette verdecken konnte, wurden sie auch *outhouse flowers* (»Plumpsklo-Blumen«) genannt. Ihre rosa- und magentafarbenen Blüten dienten außerdem als auffälliges Signal, das den Damen der feinen Gesellschaft peinliche Nachfragen ersparte. Die Schwarze Stockrose (*Alcea rosea* var. *nigra*) – eine alte Kultursorte mit nahezu schwarzen Blüten – wird damals demselben Zweck gedient haben.

Das wohl berühmteste Malvengewächs ist der Hibiskus, der ursprünglich aus China und dem Südpazifikraum stammt. Viele Arten sind auf den fruchtbaren, vulkanischen Hawaii-Inseln beheimatet, wo sie feuchte Regenwälder und sumpfige Niederungen mit ihren kräftigen Farben bereichern. So etwa der hawaiianische Gelbe Hibiskus (*Hibiscus brackenridgei*), den die Inselbewohnerinnen traditionell hinter dem Ohr tragen (links die verheirateten, rechts die ledigen Frauen).

Fast alle Hibiskusarten ändern ihre Farbe. Ein Beispiel ist der wild in den Schluchten des Waimea Canyon wachsende Waimea-Hibiskus (*Hibiscus waimeae*), dessen bei Tagesanbruch weiße Blüten sich am späten Nachmittag rosa färben. Zwar ist genetisch angelegt, welche Blütenfarben eine Pflanze hat. Innerhalb dieses Spektrums werden die natürlichen Pigmente jedoch auch von Umgebungsfaktoren wie Sonnenlicht, Temperatur, Nährstoffgehalt und pH-Wert beeinflusst.

Und dann gibt es da noch fleißige und produktive Familienmitglieder, wie etwa die Durianbäume (*Durio zibethinus*) mit ihren stachelschaligen Früchten. Während die einen sie wegen ihres unangenehmen Geruchs meiden (vielerorts in Asien ist der Verzehr der »Stinkfrucht« an öffentlichen Plätzen verboten), ist das bittersüße, puddingartige Fruchtfleisch für andere ein wahrer Genuss. Auch der Gemüse-Eibisch (*Abelmoschus esculentus*) bringt nicht nur cremegelbe Blüten, sondern auch essbare Früchte (Okraschoten) hervor. Ihr milchiger Schleim wirkt wie Speisestärke und eignet sich hervorragend zum Andicken von Currys und Eintöpfen. Und aus den Fasern der Hochland-Baumwolle (*Gossypium hirsutum*) stellten die Menschen schon vor 3000 Jahren Textilien her.

Auch wenn sie auf den ersten Blick also etwas heterogen und »zusammengewürfelt« erscheint, hat die Familie der Malvengewächse von dekorativen Zierpflanzen bis zu wertvollen Nutzpflanzen einiges zu bieten.

Vorherige Seiten:

MANDELEIBISCH

Hibiscus mutabilis 'Gold Splash'

GEWÖHNLICHE STOCKROSE

Alcea rosea

LILA
STRAUCHEIBISCH
Hibiscus syriacus
'Rose of Sharon'
BLAUER
STRAUCHEIBISCH
Hibiscus syriacus
'Rose of Sharon'

TROPISCHER HORTENSIENBAUM

Dombeya wallichii

ROSA MANDELEIBISCH

Hibiscus mutabilis

Die Farbe der pfingstrosenähnlichen Blüten wechselt im Tageslauf von Weiß über Zart- bis hin zu Dunkelrosa. Bisweilen erscheinen auch alle drei Farben an derselben Pflanze.

Kolibris lieben Hibiskus und suchen in den nektarreichen Blüten nach Nahrung.

KORALLEN-HIBISKUS

Hibiscus schizopetalus

HARTRIEGEL

CORNACEAE

Die wichtigste Gattung der Hartriegelgewächse (*Cornaceae*) bilden die meist als Strauch oder kleiner Baum wachsenden Hartriegel (*Cornus*), die das ganze Jahr über einen attraktiven Anblick bieten. In ihrer Heimat Eurasien und Amerika sind sie ein unverwechselbarer Teil der Landschaft. Aus dem östlichen Nordamerika stammt beispielsweise der Blumen-Hartriegel (*Cornus florida*), der einst von der äußersten Südküste Maines bis nach Nordflorida und bis zum Mississippi endemisch war. Während im Frühjahr zahlreiche weiße Blüten den Baum zieren, tragen seine Zweige im Sommer leuchtend rote Steinfrüchte, die viele Vögel anziehen. Später im Jahr leuchtet sein Herbstlaub in Orangerot und Purpur, bevor seine dekorative Rinde im winterlichen Garten Akzente setzt. Seine Blüte ist trügerisch: Denn die eigentliche Blüte besteht aus kleinen, doldigen Blütenständen, die von vier großen, weißen Hochblättern umgeben sind. Ähnlich ist es beim Japanischen Blumen-Hartriegel (*Cornus kousa*), der in Korea, Japan und China beheimatet ist. Seine Hochblätter sind meist weiß bis cremefarben, bei einigen Sorten erstrahlen sie jedoch rosa – etwa bei *Cornus* k. 'Satomi', der im Frühsommer für tiefrosa Akzente sorgt. Ein dekorativer Bodendecker ist der weiß blühende Teppichhartriegel (*Cornus canadensis*), der sich in seiner nordamerikanischen Heimat flach auf Waldböden ausdehnt.

DIE FRÜCHTE DER KORNELKIRSCHE SIND NICHT NUR DEKORATIV, SONDERN AUCH GENIESSBAR UND LASSEN SICH ZU MARMELADE VERARBEITEN.

Einen (allerdings unwirksamen) Aufguss aus Hartriegelrinde verwendete man im Mittelalter angeblich gegen Räude bei Hunden. Seinen englischen Namen *dogwood* (früher: *dogtree* oder *hound's tree* = Hundebaum) verdankt der Hartriegel jedoch vermutlich dem altenglischen Wort *dag* (»Spieß«). Dieser verweist – ebenso wie der deutsche Name und der lateinische Familien- und Gattungsname (*cornus* = Horn) – auf das sehr harte Holz des Baums, das man einst zu Spießen, Pfeilspitzen, Golfschlägern und Rollschuhrädern verarbeitete. Aus den Zweigen wiederum hat man stabile Körbe geflochten.

Einer christlichen Legende nach wuchs der Hartriegel einst als ein großer, mächtiger Baum in den Wäldern bei Jerusalem. Aus dem harten Holz fertigte man das Kreuz, das man für die Kreuzigung Christi verwendete. Der Hartriegel war über seine Verwendung sehr betrübt und da Jesus Mitleid mit ihm hatte, verwandelte er ihn in den kleinen, strauchartigen Baum, den wir heute kennen. Am Tag seiner Auferstehung standen die Bäume in voller Blüte, um Gott feierlich zu danken. Auch heute noch blühen einige Hartriegel, wie z. B. die Kornelkirsche, rund um Ostern. Die Spitzen der Hochblättern des Blumen-Hartriegels stehen über Kreuz und die »rostfarbenen« Kerben stellen angeblich die Nägel und den Blutfleck von Jesus auf dem Kreuz dar. Zwar ist der Ursprung der Legende unbekannt, doch für viele Christen hat der Hartriegel zur Osterzeit immer noch eine besondere religiöse Bedeutung.

Vorherige Seiten:

AMERIKANISCHER BLUMEN-HARTRIEGEL

Cornus florida var. urbiniana

Gegenüber:

JAPANISCHER BLUMEN-HARTRIEGEL

Cornus kousa 'Rosea'

Gegenüber:
JAPANISCHER BLUMEN-HARTRIEGEL
Cornus kousa 'Kristin Lipka's Variegated Weeper'

AMERIKANISCHER BLUMEN-HARTRIEGEL
Cornus florida

In der mittelenglischen Literatur hieß der Hartriegel wegen seiner »wippenden« Zweige auch *whipple-tree*.

SPARGEL-
GEWÄCHSE

ASPARAGACEAE

Mit ihren duftenden Blüten regt die Familie der Spargelgewächse (*Asparagaceae*) die Sinne an. Ihr prominentester Vertreter, der Gemeine Spargel (*Asparagus officinalis*) ist jedoch weniger für seine kleinen, glockenförmigen Blüten, sondern vielmehr als Nahrungsmittel bekannt. Die im Frühling aus der Erde sprießenden Stangen der aus dem Mittelmeerraum stammenden Pflanze haben zu ihrem Ruf als Heilpflanze und Aphrodisiakum beigetragen. Schon im arabischen Liebeshandbuch »Der parfümierte Garten« von Scheikh Nefzawi aus dem 15. Jahrhundert wird die libidosteigernde Wirkung der Pflanze beschrieben. Der Verfasser empfiehlt darin, täglich gekochten und gebratenen Spargel zusammen mit Eigelb zu verzehren oder das abgekühlte Kochwasser zu trinken, da der Spargel den Mann »für den Beischlaf stärkt und das Liebesverlangen anregt«. Tatsächlich enthält das nährstoffreiche Gemüse viele Vitamine und Mineralstoffe wie etwa Folsäure, die die Produktion von Sexualhormonen fördern.

EINST WAR SPARGEL FESTER BESTANDTEIL DER FRANZÖSISCHEN KLOSTERKÜCHE.

Auch die schottische Illustratorin Elizabeth Blackwell, eine der ersten Frauen, die Zeichnungen, Radierungen und handkolorierte Stiche von Pflanzen anfertigten, widmete sich dem Spargel. Ihr zwischen 1737 und 1739 erschienenes Hauptwerk »A Curious Herbal« umfasste 500 Illustrationen und Beschreibungen von Heilpflanzen. Seine Erstellung nahm sechs Jahre in Anspruch und die Einnahmen aus dem Verkauf ermöglichten es ihr, ihren Mann, der in zwielichtige Geschäftspraktiken verwickelt war, aus der Schuldhaft auszulösen.

In Frankreich förderte Ludwig XIV. den Spargelanbau und ließ das Gemüse in den königlichen Gärten von Versailles anpflanzen. Auch seine Mätresse, Madame de Pompadour, schätzte die »Liebesspitzen« als Delikatesse und schwärmte vom herzhaften Geschmack der frischen, jungen Stangen. Ebenfalls in Versailles ließ Ludwig XIV. zahlreiche Tuberosen (*Polianthes tuberosa*) – mexikanische Pflanzen mit sinnlich duftenden, weißen Blüten – pflanzen. Der König war betört von ihrem süßen, honigartigen Duft, der im Hochsommer die Luft erfüllte und schon seit Jahrhunderten zur Herstellung von Parfüms verwendet wurde (auch Königin Marie Antoinette soll später ihrem Duft verfallen sein).

Ein weiteres wohlriechendes Spargelgewächs ist das ebenso liebreizende wie tödliche Maiglöckchen (*Convallaria majalis*) – eine giftige Waldpflanze mit hängenden, glockenförmigen Blüten, die im Frühjahr blüht. Einer christlichen Legende nach entstanden die duftenden Blüten aus den Tränen Marias, als sie den Tod Jesu beweinte. Daher sind die auf der gesamten Nordhalbkugel beheimateten Pflanzen, die auf vielen religiösen Gemälden Demut symbolisieren, auch als »Marientränen« bekannt. In Frankreich kauft man am Tag der Arbeit (1. Mai) kleine Maiglöckchensträuße, die man als Glücksbringer verschenkt oder im Knopfloch trägt. Auch der französische Modeschöpfer Christian Dior liebte ihren Duft und kreierte in den 1950er-Jahren das Parfüm »Diorissimo« mit Noten frisch gepflückter Maiglöckchen.

In Südafrika hingegen verströmen die grünlich gelben Blüten der sukkulenten Stiftblume (*Albuca spiralis*) ihren süßen Vanilleduft.

Vorherige Seiten:

TUBEROSE

Polianthes tuberosa

Bei Anbruch der Dämmerung duftet die Tuberose besonders stark. Der Legende nach warnte man junge Frauen, sie sollten zu Hause sein, bevor sie ihren Duft vernahmen.

SALOMONSIEGEL

Polygonatum × hybridum

Vermutlich wurde Spargel schon im alten Ägypten angebaut, wo er auf einem Fries aus der Zeit um 3000 v. Chr. abgebildet ist.

GARTEN-HYAZINTHE

Hyacinthus

GELBROTE
TAGLILIE

Hemerocallis fulva

PRIMELN

PRIMULACEAE

Mit ihren samtigen Blättern und zarten, symmetrischen Blüten, die mit dem ersten Frühlingshauch hervorspitzen, sind Primeln (*Primula*) die »Stars« unter den Primelgewächsen (*Primulaceae*). Die in der nördlichen Hemisphäre beheimatete Pflanzenfamilie blüht in den Rissen und Spalten der europäischen Alpen ebenso wie im asiatischen Himalaja. Die Aurikel (*Primula auricula*) etwa fühlt sich auf den alkalischen Böden der italienischen Dolomiten wohl, die Kugel-Primel (*Primula denticulata*) mit ihren runden, violetten Blüten schmiegt sich in Bhutan an die steilen Felsvorsprünge nahe dem berühmten Paro-Taktsang-Kloster (17. Jh.) und die in aufrechten Büscheln wachsende Szetschuan-Primel (*Primula pulverulenta*), eine der wenigen Pflanzen der Familie, die nasse Füße vertragen, gedeiht an sprudelnden Bächen.

DIE PERLBINDE, EIN FALTER, LEGT IHRE EIER UNTER SCHLÜSSELBLUMEN UND PRIMELN AB.

Die rot-violetten Blütenähren der Orchideen-Primel (*Primula vialii*) entdeckte der Pflanzenjäger George Forrest. Auf mehreren Himalaja-Expeditionen in China und Tibet floh er vor aufständischen Lamas, die die restlichen Expeditionsteilnehmer folterten und töteten, litt an Hunger und kämpfte sich, dürftig ausgerüstet, durch die raue Berglandschaft. Dennoch gelang es ihm, von seinen Reisen über 30 000 Pflanzenexemplare, darunter 50 Primeln mitzubringen.

Flämische Weber und Hugenotten, die die Aurikel im 17. Jahrhundert kultivierten, brachten diese später nach England, wo sie einen Höhepunkt an Beliebheit während der botanischen »Sammelwut« des 19. Jahrhunderts erreichten.

Die Stängellose Schlüsselblume (*Primula vulgaris*) hingegen verehrten schon die keltischen Druiden. Sie glaubten, ihre heiligen Blüten besäßen magische Schutzkräfte. Man pflanzte sie an der Eingangstür, um Feen willkommen zu heißen, verarbeitete die Blüten in Zaubertränken oder rieb die Euter der Kühe mit ihnen ein, damit sie mehr Milch gaben. Das duftende Öl der Primel diente bei religiösen Ritualen zur Reinigung und Läuterung und noch heute treffen sich weiß gekleidete »Druiden« am Primrose Hill in London zur Feier der herbstlichen Tag-und-Nacht-Gleiche.

Die Apotheker des Mittelalters verordneten die Echte Schlüsselblume (*Primula veris*) gegen Krämpfe, Lähmungen, Gicht und Rheumatismus. Aber auch in der Küche fanden die Blätter in Salaten, die Blüten zum Aromatisieren von Wein oder kandiert als Gebäckgarnitur Verwendung.

Bestäubt werden Primelgewächse vornehmlich durch Insekten. So wird beispielsweise die Sternschnuppenblume (*Dodecatheon meadia*) durch Wildbienenarten bestäubt, die den Pollen durch schnelle Kontraktion der Flugmuskulatur aus den Blüten schütteln. Bei anderen Primelarten krabbeln Ameisen in die Blütenröhren, um an den Nektar zu gelangen, wobei sie Pollen abstreifen, die sie zur nächsten Blüte mitnehmen.

Der lateinische Gattungsname *Primula* leitet sich vom Wort *primus* (der Erste) ab und verweist auf die frühe Blütezeit im Frühling. Als der ehemalige britische Premierminister Benjamin Disraeli, dessen Lieblingsblumen Primeln waren, starb, schickte Königin Victoria zu seiner Beerdigung einen Kranz mit gelben Primeln. Und noch bis zum Ersten Weltkrieg schmückte man jährlich an seinem Todestag (19. April) – dem Primrose Day (»Primel-Tag«) – sein Grab mit der anmutigen Pflanze, die in der Blumensprache ewige Liebe symbolisiert.

Vorherige Seiten:

ZIMMER-ALPENVEILCHEN

Cyclamen-persicum-Hybride

KISSENPRIMEL

Primula acaulis 'Zebra Blue'

Die duftenden Blüten mit ihrer sonnengelben Blütenmitte sind spektakulär blau-weiß gestreift und ziehen mit ihrem Nektarreichtum zahlreiche Schmetterlinge an.

STERNSCHNUPPEN-BLUME

Dodecatheon pulchellum

ALPENGLÖCKCHEN

Soldanella alpina

In ihrer Heimat, den Alpen und den Pyrenäen, wächst die Blume mit ihren gefransten, violetten Glockenblüten gerne an felsigen Hängen.

SPEKTAKULÄRE BLÜTEN

In diesem Kapitel geht es um Bizarres, Absonderliches und Aufsehenerregendes – um außergewöhnliche Exemplare und seltene Neuheiten, die Pflanzenliebhabern den Atem rauben und ihre Herzen höherschlagen lassen.

Ein besonders interessantes Beispiel ist die Königin der Nacht (*Selenicereus grandiflorus*), die aus den Wäldern und Wüsten Mexikos stammt, wo sie nur eine Nacht im Jahr blüht. Ihre Blüte ist so beeindruckend, dass sie in einigen Gemeinden der Region mit bunten Festen gefeiert wird. Von Fledermäusen, Nachtfaltern und anderen nachtaktiven Insekten bestäubt, treibt der epiphytische Kaktus – meist in Vollmondnächten – eine große, weiße Blüte, die zwei bis drei Stunden benötigt, um sich voll zu entfalten. Wenn der Morgen anbricht, verwelkt die trompetenförmige Blüte, wobei sie einen berauschenden, pheromonreichen Duft verströmt.

ERST IM ALTER VON VIER BIS FÜNF JAHREN BILDET DIE KÖNIGIN DER NACHT IHRE LEUCHTENDEN BLÜTEN AUS.

In Zentralasien ist die Weiße Fledermausblume (*Tacca integrifolia*) zu Hause, die in voller Blüte ebenfalls einen imposanten Anblick bietet: Mit ihren weißen Hochblättern, die wie Ohren wirken, purpurroten Blütenblättern als »Gesicht« und bis zu 50 Zentimeter langen Staubfäden erinnert sie an eine »schnurrbärtige« Fledermaus. Die Blume wächst im blätterreichen Unterholz der feuchten Regenwälder von Sri Lanka, Malaysia und Bhutan und wird von Fliegen bestäubt, die von ihrem moschusartigen Duft angelockt werden.

Nicht weit davon entfernt, auf den Philippinen und der Malaiischen Halbinsel, ist die Medinilla (*Medinilla magnifica*) heimisch – ein absoluter Hingucker, der strauchartig am Boden oder epiphytisch auf Waldbäumen wächst. Ihr sattgrünes Laub zieren hängende, rosafarbene Hochblätter und Blütenrispen mit über hundert Einzelblüten, die wie winzige Trauben aussehen.

Ebenfalls in Asien (sowie in Australien) verbreitet ist die Wachsblume (*Hoya carnosa*), eine immergrüne Kletterpflanze. Ihre sternförmigen Blüten sind in Scheindolden angeordnet, die wie Diskokugeln strahlen. Die wachsartigen Einzelblüten lassen die Blume leicht surreal und wie eine Kunstinstallation aus Keramik wirken. Ihre duftenden Blüten triefen vor süßem Nektar und ihre Farben reichen von Grün über Rot bis hin zu fast Schwarz.

Wer hingegen durch die Regenwälder Süd- und Mittelamerikas spaziert, sollte sich vor dem Kanonenkugelbaum (*Couroupita guianensis*) in Acht nehmen, dessen schwere Früchte wie rostige Kanonenkugeln zu Boden fallen und lautstark platzen. Er gehört zur Familie der Topffruchtbaumgewächse (*Lecythidaceae*), zu der auch die Paranuss (*Bertholletia excelsa*) zählt. Der Kanonenkugelbaum dient als Heilpflanze, sein Blattextrakt wird zur Behandlung von Hautausschlägen sowie zur Linderung von Zahnschmerzen verwendet. Die leuchtenden Blüten wachsen an langen Stielen direkt aus dem Stamm – eindrucksvolle Schönheiten, die morgens und nachts stark duften und bestäubende Bienen und Fledermäuse anlocken. Wegen seiner Blüten und Früchte wird der Baum in vielen tropischen Gegenden der Welt, vor allem in Asien, angepflanzt.

Da alle diese Pflanzen zu den besonderen Wundern des Pflanzenreichs zählen, sollte jeder Pflanzenliebhaber diese gärtnerischen Kuriositäten auf seiner »Bucket List« haben.

Vorherige Seiten:

EXOTISCHE BLÜTEN DER MEDINILLA

Medinilla magnifica

WACHSBLUME

Hoya carnosa

KÖNIGIN DER NACHT

Selenicereus grandiflorus

Der Duft ihrer Blüten weist je nach Beschreibung Noten von Zitrusfrüchten, Orangenblüten, Ylang-Ylang, Tuberose, Vanille und/oder Moschus auf.

HARRISIA-KAKTUS

Harrisia martinii

Gegenüber:

MAJESTÄTISCHER HIMMELSLOTUS

Gustavia gracillima

KANONENKUGELBAUM

Couroupita guianensis

ROSA PRACHT-NELKE

Dianthus superbus

Die filigranen, gefransten Federblüten betören mit einem angenehmen, vanilleartigen Duft, den man Tag und Nacht riechen kann.

WEISSE
FLEDERMAUSBLUME

Tacca integrifolia

DANKSAGUNG

Zuallererst möchte ich mich bei Hardie Grant bedanken: Ich fühle mich sehr geehrt, von einem so engagierten Verlagsteam betreut zu werden. Insbesondere danke ich Jane Willson, Emily Hart, Kate Daniel, Jessica Lowe, Hannah Schubert und Todd Rechner für ihre unermüdliche Arbeit.

Ein besonderes Dankeschön geht an Nina Rousseau für ihren inspirierenden Text und an Daniel New für sein feines Gespür für Design.

Fran Berry danke ich dafür, dass sie meine Fähigkeiten so früh erkannt und gefördert hat.

Ein herzlicher Dank gilt auch meiner Familie, die mir während meiner gesamten Karriere mit viel Liebe und Humor zur Seite stand – insbesondere meinen Eltern Bryan und Sally Picker, meinem Bruder Andrew sowie meiner Tante und meinem Onkel, Margo und Geoff Coltheart. Gleiches gilt für meinen Cousin James Coltheart und seine Frau Virginia, die mich während der gesamten Arbeit an diesem Buch geduldig unterstützt haben. Zu Ehren meiner Mutter habe ich auf Seite 21 eine Rose mit ihrem Mädchennamen, Holmes, aufgenommen. Diese Rose wächst sowohl in ihrem als auch im Garten meiner Tante und wird mir stets in herzlicher Erinnerung bleiben.

Meiner lieben Freundin, der talentierten Künstlerin Gemma O'Brien, danke ich dafür, dass sie sich die Zeit genommen hat, das Vorwort zu diesem Buch zu schreiben und meine heimlichen Blumenpflückaktionen zu »enthüllen«.

Unter allen Menschen, denen ich begegnet bin und die meine Pflanzenleidenschaft teilen, sticht Rebecca Castle in puncto Enthusiasmus und Wissen hervor. Viele der hier abgebildeten Blumen stammen aus ihrem bezaubernden Garten in den Southern Highlands und zeugen von unserer engen Freundschaft.

Ich kann mich glücklich schätzen, von einem so treuen Freundeskreis umgeben zu sein. Alice Kimberley, Matthew Swieboda, Nikki To, Silvana Azzi Heras, Anna Westcott, Daniel Gonzalez, Rachael Fung und meiner High-School-Freundin Emma Gonzalez: Danke, dass ihr mir in so vielen kleinen und großen Belangen den Rücken stärkt.

Schließlich möchte ich mich noch bei all jenen bedanken, die meine Karriere als Illustratorin bis heute begleitet haben. Ich bin Ihnen unendlich dankbar, dass meine Begeisterung für die Natur und ihre Farben bei Ihnen auf so viel Wertschätzung getroffen ist.

ÜBER DIE AUTORIN

Adriana Picker ist eine australische Illustratorin, die in Sydney lebt. Im Mittelpunkt ihrer Arbeit steht ihre lebenslange Leidenschaft für Blumen, für die sie stets ein offenes Auge hat.

Als Illustratorin, Künstlerin und Designerin arbeitet sie in unterschiedlichen Bereichen des Verlagswesens, der bildenden Kunst, des Films und der Werbung. Nachdem sie bereits die Titel »The Cocktail Garden« (dt. Übersetzung: »Cocktail Garten«), »Where the Wildflowers Grow« und »The Garden of Earthly Delights« illustrierte, ist dies nun Adrianas viertes Buch.

LITERATURHINWEISE

Bird, Richard: *Gärtner-Latein. Von den Geheimnissen der Pflanzennamen*

Brown, Jane: *Tales of the Rose Tree. Ravishing Rhododendrons and Their Travels Around the World* (engl.)

Christenhusz, Maarten und Chase, Mark: *The Book of Orchids. A Life-Size Guide to Six Hundred Species* (engl.)

Collins, Pat: *The Wondrous World of Weeds. Understanding Nature's Little Workers* (engl.)

Daniels, Corra Linn und Stevans, CM (Hg.): *Encyclopaedia of Superstitions, Folklore, and the Occult Sciences of the World* (engl.)

Darcey, Cheralyn: *Flowerpaedia. 1000 Flowers and Their Meanings* (engl.)

Day, Sonia: *The Untamed Garden. A Revealing Look at Our Love Affair with Plants* (engl.)

Eastoe, Jane: *Peonies. Beautiful Varieties for Home and Garden* (engl.)

Edwards, Ambra: *Pflanzenjäger. Wie exotische Pflanzen in unsere Gärten kamen*

Grieve, Peter: *A History of Ornamental-Foliaged Pelargoniums. With Practical Hints for Their Production, Propagation and Cultivation* (engl.)

Houdret, Jessica: *Herbal Tea Remedies. Tisanes, Cordials and Tonics for Health and Healing* (engl.)

King, Ross: *Mad Enchantment. Claude Monet and the Painting of the Water Lilies* (engl.)

Kukielski, Peter E. und Phillips, Charles: *Rosen. Die Geschichte der Rose*

Laws, Bill: *50 Pflanzen, die unsere Welt verändert haben*

O'Neill, Helen: *Daffodil. Biography of a Flower* (engl.)

Gegenüber:

GERANIE

Pelargonium × hortorum

Die Pflanze kann als natürliches Pflanzenschutzmittel gegen Engerlinge, im Boden lebende Käferlarven, eingesetzt werden.

STAUDENPFINGSTROSE

Paeonia lactiflora 'Ruth Clay'

REGISTER DER BLUMEN

Gefettete Seitenzahlen verweisen auf Illustrationen.

Die Originalausgabe erschien 2020 unter dem Titel
Petal. The World of Flowers Through an Artist's Eye bei
Hardie Grant Books, einem Imprint von Hardie Grant Publishing

Hardie Grant Books
52–54 Southwark Street
London SE1 1UN

www.hardiegrant.com/books

Aus dem Englischen von
Rosa Kratz und Melanie Goldmann

1. Auflage 2025

Redaktion und Satz: twinbooks, München

Printed and bound in China

ISBN 978-3-8369-2208-1
www.gerstenberg-verlag.de

MIX
Papier | Fördert gute Waldnutzung
FSC® C020056